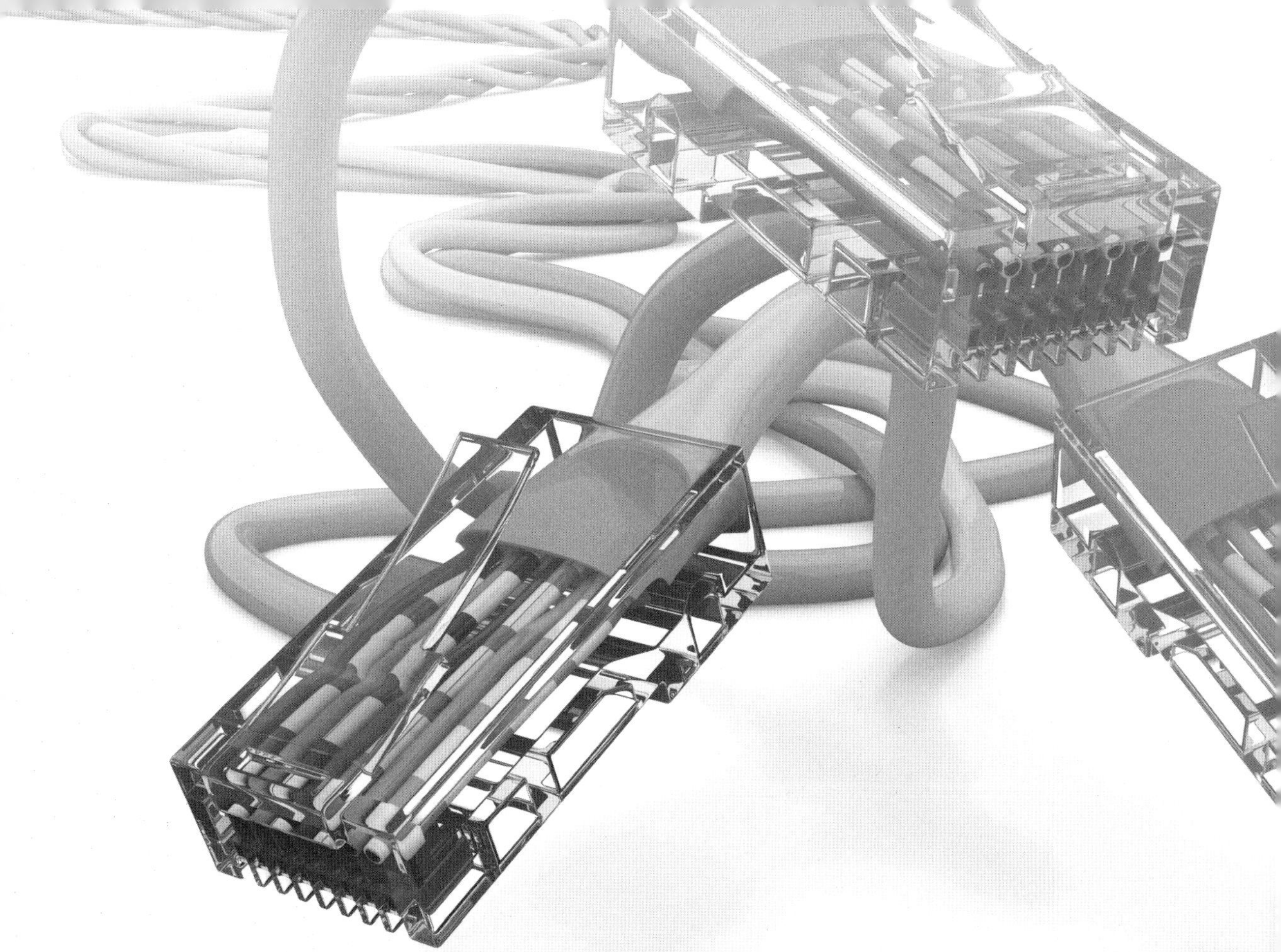

기초 전기회로실험

|이석재 저|

JINSAEM 진샘미디어

머리말

전기공학에 대한 지식을 전공과목이 아닌 기초과목으로 수학하는 학생들에게는 항상 어렵고 두려운 과목이 전기전자공학이 아닐 수 없다. 특히, 방사선사를 꿈꾸는 대학 초년생들에게는 물리학에 대한 막연한 거부감과 함께 어떻게 하면 쉽게 기초이론 과목에 대한 지식을 습득할 수 있을까 고민을 가지고 있다.

이러한 비전공자에게 알맞은 교재를 찾기는 더욱 어려움이 있었고, 전기공학과 전자공학을 전공으로 연구해온 교수자로서 이러한 어려움을 해결해야 한다는 의무감을 가지고 본 책자를 집필하기 시작하였다. 물리학 기초이론이 부족한 실업계, 인문계 고등학교를 졸업하고 방사선과에 입문한 예비 방사선사들에게 공업계에서 기초과목으로 수학하는 전기공학 또는 전자공학과는 다른 접근을 시도하였다. 물리학이나 전기공학의 기초이론을 한 학기이상 수강하거나 이에 대한 이론적 배경을 알고 있는 학생들은 더욱 실험을 충실히 수행 할 수 있을 것이다.

본 교재는 방사선사 면허시험에 대비하여 쉽게 이론을 이해할 수 있도록 실험을 구성하였다. 실험을 시작하기 전에 학습목표와 실험목적을 제시하고 실험에 필요한 배경이론을 간략히 요약 정리하여, 실험에서 습득하여야 할 내용을 미리 알 수 있도록 하였다.

실험결과를 정리하고 다시 한번 이론과 실험을 접목시켜 실전문제를 해결하는 능력을 키우고자 다년간 방사선사 면허시험에 출제되었던 유사문제를 실었다. 실험결과를 바탕으로 학생들이 직접 풀이함으로써 실전능력을 충실히 다질 수 있을 것이다.

대학 저학년에서 물리학이나 전기공학에 대한 이론과목을 한학기 이상 수강한 학생을 대상으로 본 교재의 내용을 한 학기 15주 수업을 기준으로 실험을 수행한다면 가장 적절하다고 생각한다. 본 교재의 구성은 Ⅱ장 직류회로(실험1 ~ 실험5), Ⅲ장 정전기 및 자기회로(실험6 ~ 실험8), Ⅳ장 교류회로(실험9 ~ 실험12), Ⅴ장 전자회로(실험13 ~ 실험15)의 순서로 되어 있으며 방사선사 시험에서 다루어지는 비중과 중요도를 고려하여 실험항목을 결정하였다.

저 자

목 차

I

실험준비

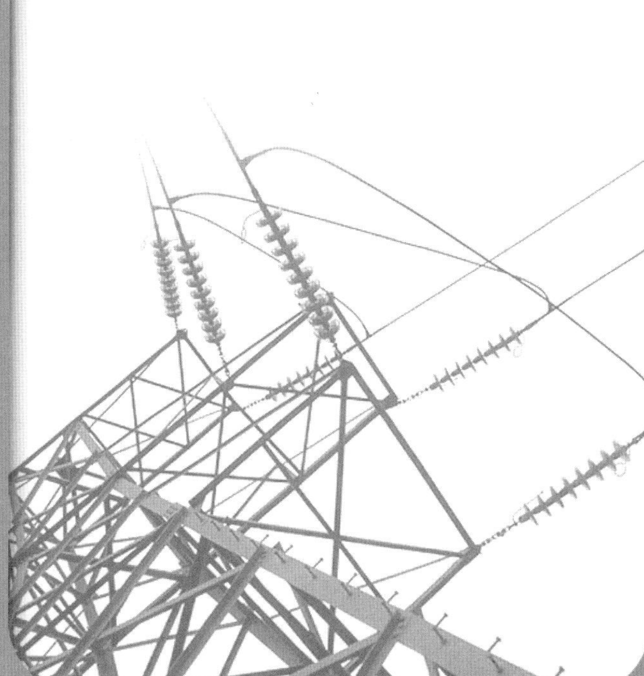

1 실험의 필요성

- 이론적으로 습득한 지식의 실천
- 이론의 입증
- 새로운 현상의 발견, 이론의 보완, 새로운 이론 생성
- 자연현상의 데이터 확보기술 습득
- 계측기 사용법 숙달
- 실험결과 분석 및 고찰
- 실험결과 발표
- 보고서 작성법

2 실험의 순서

(1) 실험목적 및 학습목표 이해
(2) 배경이론 학습
(3) 실험에 필요한 물품 준비
(4) 실험방법에 따라 실험수행
(5) 결과보고서 작성
(6) 결과분석 및 고찰
(7) 실전문제 풀이
(8) 학습내용 정리

3 실험 준비물

(1) 멀티미터(Multimeter)

여러 가지의 계측이 가능한 장비라고 붙여진 이름이며, 주로 전압/전류/저항 등을 측정할 수 있기 때문에 VOM(Volt-Ohm Meter)이라고도 한다.

□ **그림 0.1** 멀티미터(DM-313)

□ **그림 0.2**(DM-312)

멀티미터는 사용이 편리하고 휴대가 가능하여 실무에서 매우 유용하게 사용되고 있다. 상세한 사용방법은 부록을 참고하기 바란다.

(2) 오실로스코프(Oscilloscope)

오실로스코프는 측정하고자 하는 신호의 파형을 직접 눈으로 볼 수 있는 전시기를 가지고 있다. 따라서, 시간에 따라 변화하는 신호의 주기와 주파수와 함께 신호의 크기까지 측정이 가능하다. 초기에는 아날로그방식이 사용되었으나, 최근에는 디지털방식이 주를 이루고 있다.

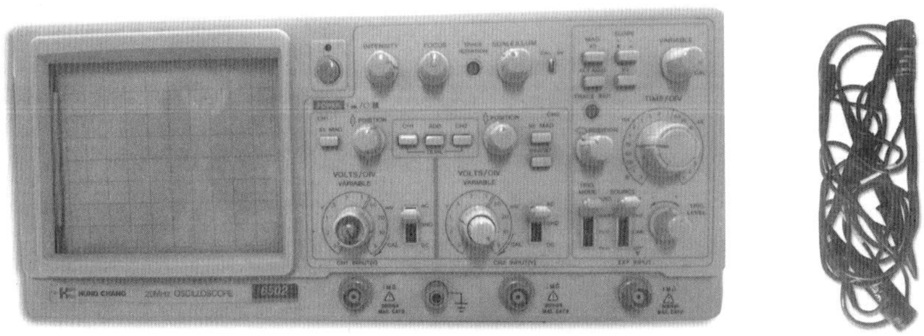

□ **그림 0.3** 오실로스코프

멀티미터가 하나의 신호에 대한 크기를 측정한다면, 오실로스코프는 동시에 여러 개의 신호를 측정할 수 있다. 이와 같이 측정 가능한 신호의 수를 채널수라고 한다. 오실로스코프의 사용방법에 대하여는 부록을 참고하기 바란다.

(3) 브레드보드(breadboard)

그림 0.4 브레드 보드

브레드 보드는 납땜을 하지 않고 전기회로를 구성할 수 있는 보드로서 빵판이라고도 불린다. 임시로 회로를 구성하고, 쉽게 재사용이 가능하여 학교에서 실험용으로 많이 이용된다. 서로 격리된 블록으로 전원선용이 구분되어 있으며, 가로 세로의 격자에 따라 내부가 연결된 상태를 확인하고 회로를 구성하여야 한다.

(4) 전선(리드선)

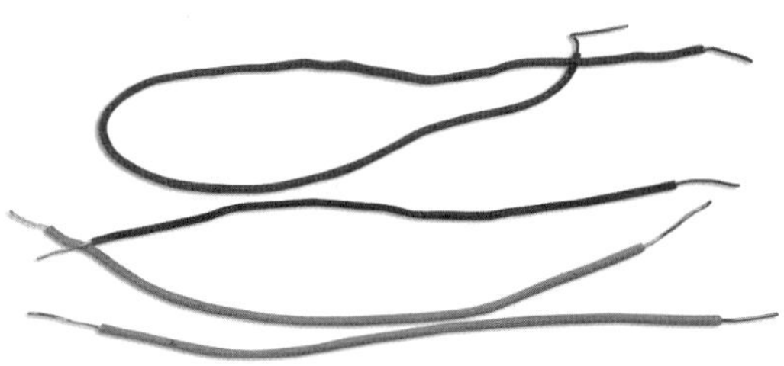

그림 0.5 리드선

전기회로를 구성할 때 부품간에 전기적인 연결용 전선을 리드선이라고 하며, 용도에 따라 적당한 굵기의 전선을 선택하여 사용한다. 직류회로를 구성할 때 +극과 -극을 다른 색상으로 구분하여 사용하면 편리하다.

(5) 기본공구

① 니퍼(Nipper)

□ **그림 0.6** 니퍼

니퍼는 전선을 절단하는데 주로 사용하며, 흔히 니빠라고 부른다. 펜치보다 소형의 대상물에 사용한다.

② 와이어 스트립퍼(Wire stripper)

□ **그림 0.7** 스트립퍼

스트립퍼는 전선의 피복을 벗기는 공구로서 니퍼로 전선을 벗기는 것 보다 사용이 간편하다. 전선의 굵기에 따라 적절한 위치에 두고 당기면 전선의 피복이 쉽게 벗겨진다.

③ 드라이버(driver)

나사못을 돌려서 박거나 빼는 공구로서 모양에 따라 십자(+) 드라이버와 일자(-) 드라이버로 구분된다. 주로 나사못을 고정하거나 장비를 분해/조립할 때 사용한다.

④ 롱 노우즈 플라이어(Long nose plier)

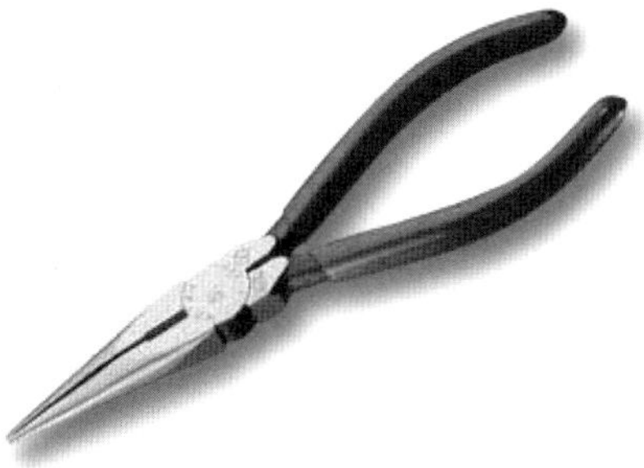

□ **그림 0.8** 롱 노우즈 플라이어

플라이어는 철사를 구부리거나 자를 때 사용하는 공구로서 일본에서 유래된 이름으로 뻰찌라고도 부른다. 생김새가 가늘고 긴 코처럼 생겼다고 롱 노우즈 플라이어라고 부르며, 펜치(pincers)의 일종이다. 라디오등 통신기기의 수리시 많이 사용한다고 하여 라디오 펜치라고도 한다.

(6) 납땜공구

① 납땜 인두

□ **그림 0.9** 납땜 인두

인두기는 땜납을 가열하여 납땜을 할 때 사용하는 공구로서 전기식이 주로 사용된다. 인두기의 뾰족한 부분을 팁이라고 하며, 미세한 부분에도 접합을 쉽게 하기 위하여 가늘고 길게 만들고 온도조절도 가능하다.

② 땜납

□ 그림 0.10 땜납

납땜에 사용되는 합금으로서, 주로 납과 주석을 혼합하여 만든다. 최근 환경보호를 위하여 무연 땜납이 사용되기도 한다. 전기용 땜납은 용도에 따라 전기 배선용, 인쇄회로기판용, 공정용등으로 구분되며 주석의 혼합비율에 차이가 있다.

Ⅱ

직류회로

실험 01 전압, 전류, 저항의 측정

학습목표

1. 전기의 발생원리
2. 전류의 물리적 의미
3. 전압의 물리적 의미
4. 저항의 정의

1 실험목적

전압, 전류, 저항에 대한 물리적 의미를 이해하고, 전기회로를 구성하여 각 물리량에 대한 측정방법을 익힌다.

2 배경이론

1) 전기란 무엇인가?

원자의 구조에서 자유전자가 다른 원자로 이동하면 전기가 발생하고, 그림과 같이 자유전자를 빼앗긴 원자는 양(+)전기가 되고 자유전자가 추가된 원자는 음(−) 전기가 된다.

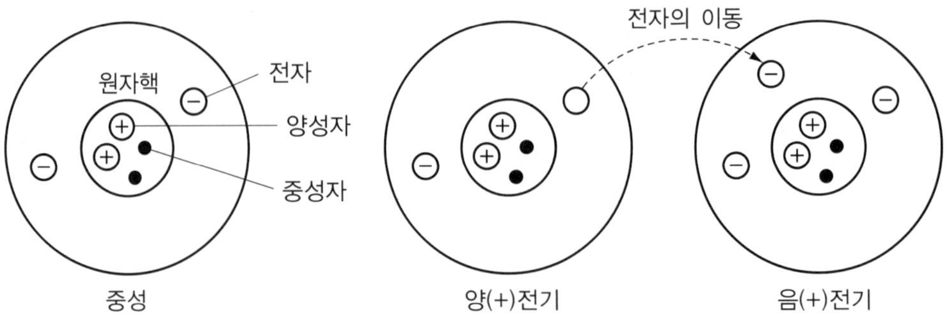

그림 1.1 전기의 발생원리

2) 전류

중성상태의 원자에서 자유전자가 이동하면 전기를 띈다고 하였다. 이때 이동하는 전자의 개수를 전기의 양 또는 전하량이라고 한다. 전하량의 기호는 Q, 단위는 쿨롱(C: Coulomb)을 사용한다. 이와 같이 전기가 발생하여 이동하는 자유전자의 시간당 이동하는 전하량을 전류(currunt)라고 한다.

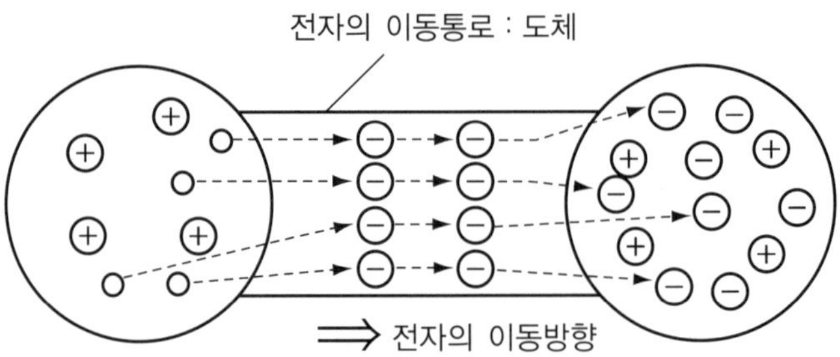

그림 1.2 전자의 흐름

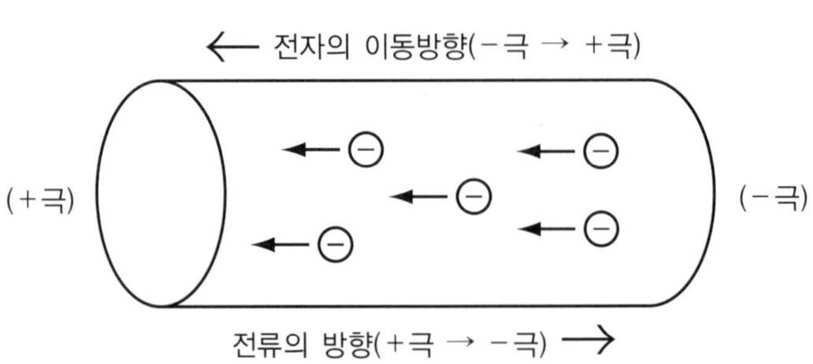

그림 1.3 전류의 방향

$$I = \frac{Q}{t}[C/s] \tag{1.1}$$

전류의 기호 : I
전류의 단위 : 암페어 [A]

전류는 벡터량으로서 크기는 식(1.1)로 정의되며, 전류의 방향은 전자의 이동방향과 반대로 정한다.(그림 1.3)

> **쉬운설명**
>
> **전류는 전자들의 이동속도**
>
> $$\text{속도}(v) = \frac{\text{거리}(l)}{\text{시간}(t)}[m/s] \quad \Leftrightarrow \quad \text{전류}(I) = \frac{\text{전하량}(Q)}{\text{시간}(t)}[C/s].$$

3) 전압

전하량이 상대적으로 많은 곳을 고전위, 적은 곳을 저전위라고 하며 두 곳의 전위차를 전압이라고 한다. 따라서, 전압은 항상 상대적인 값을 가진다. 건전지는 이러한 전위차를 일정하게 유지해 주는 역할을 한다.

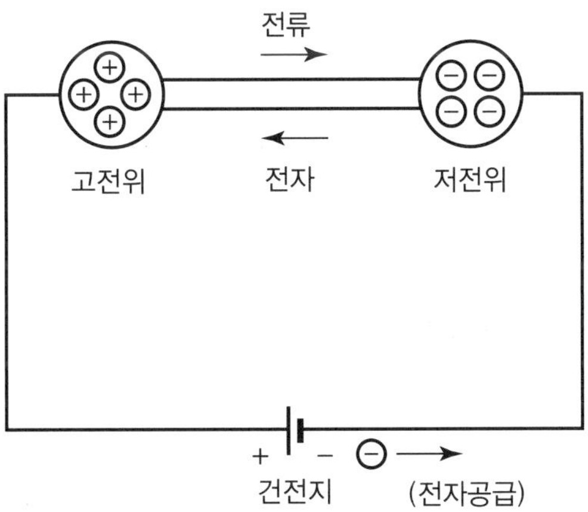

□ **그림 1.4** 전위차의 개념

$$V = \frac{W}{Q}[J/C] \tag{1.2}$$

전압의 기호 : V

전압의 단위 : 볼트 [V]

쉬운설명

전압은 물의 수위차이

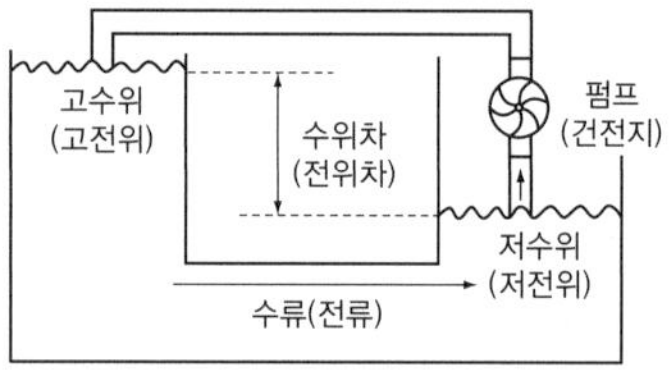

전류 : 물이 흐르는 속도

전압(수위차) : 수압(물의 수위 차이)

전하량 : 수량

기전력(건전지) : 펌프

4) 저항

도체에 흐르는 전류는 도체의 특성에 영향을 받는다. 즉, 도체의 단면적이나 길이등에 따라 전류의 크기는 바뀐다. 이와같이 전류의 흐름을 방해하는 정도를 저항(resistance)이라고 한다.

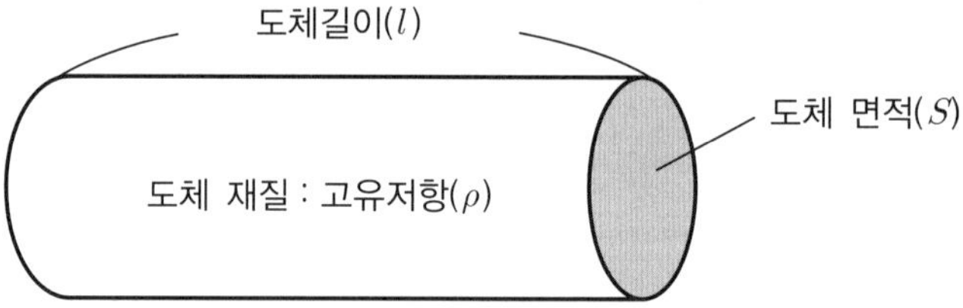

그림 1.5 저항

$$R = \rho\frac{l}{S}[\Omega] \tag{1.3}$$

저항의 기호 : R

저항의 단위 : 오옴(ohm) [Ω]

쉬운설명

저항은 물의 흐름을 방해하는 정도

물의 흐름을 방해하기 위해서는 파이프의 길이는 길고, 단면적은 작아야 한다. 즉, 저항은 전선의 길이에 비례하고 단면적에 반비례한다.

한편, 도전율(conductance)은 저항의 반대 개념으로 전류를 잘 흘려주는 정도를 나타낸다.

$$G = \frac{1}{R}[\Omega^{-1}] \quad (1.4)$$

도전율의 기호 : G

도전율의 단위 : 모오(mho) $[\Omega^{-1}]$

3 실험 준비물

1) 회로기판
2) 건전지 또는 직류전원공급장치
3) 저항
4) 전선
5) 전류계
6) 전압계
7) 저항측정기

4 실험방법

❶ 회로기판에 다음과 같이 직류회로를 구성한다.

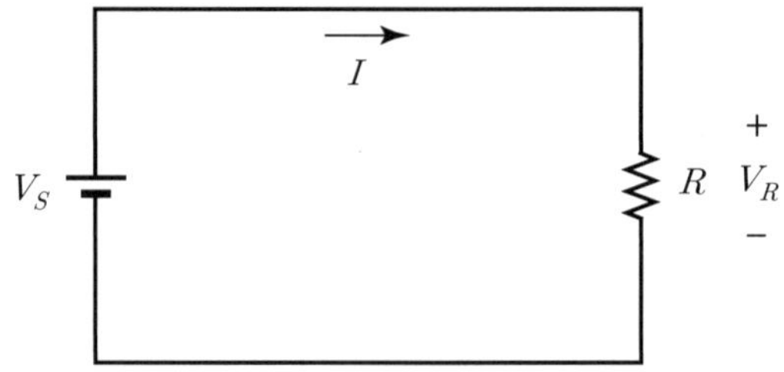

□ **그림 1.6** 직류회로 구성

V_S : 건전지 또는 직류 전원 공급기

❷ 다음 그림과 같이 회로에 직렬로 전류계를 연결하여 부하에 흐르는 전류를 측정한다.

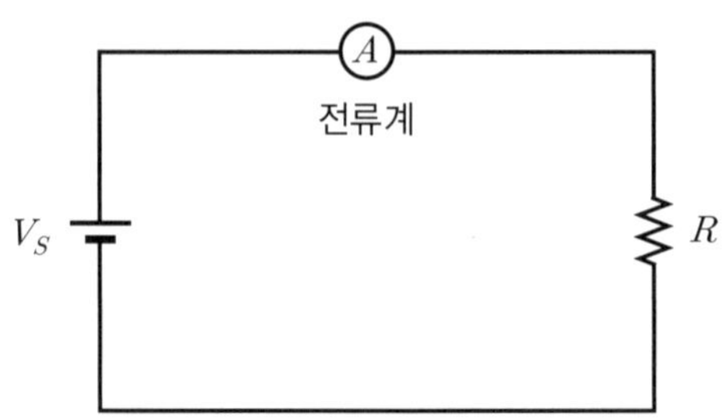

□ **그림 1.7** 직류 전류측정

❸ 다음 그림과 같이 부하에 걸리는 전압을 측정하기 위하여 병렬로 전압계를 연결하고 전압값을 측정한다.

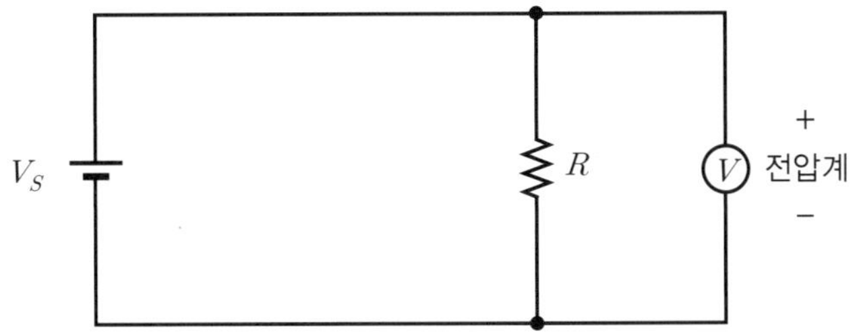

그림 1.8 직류 전압측정

❹ 회로에서 저항 양단의 연결을 끊고 다음 그림과 같이 멀티미터를 이용하여 저항값을 측정한다.

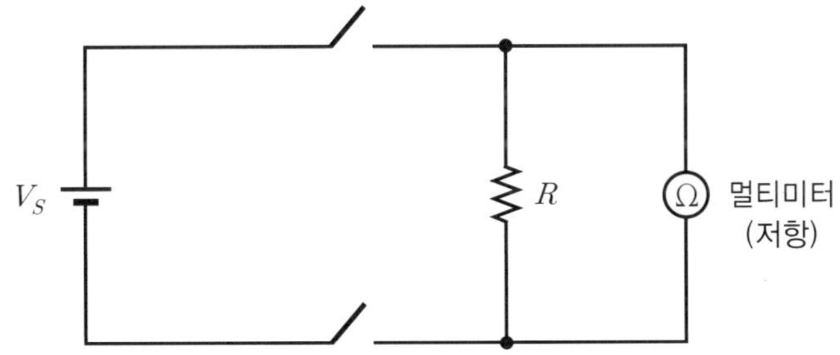

그림 1.9 저항측정

5 실험결과

[실험자]

________과 ____학년 ____반 성명: __________

[실험일자]

________년 _____월 _____일

[실험조]

_____조

[실험결과]

실험횟수	전류값	전압값	저항값
1			
2			
3			
4			
5			

[고찰 및 확인]

① 직류회로에서 전류계는 부하에 직렬로, 전압계는 병렬로 연결하는 이유는?

② 저항에 표시되어 있는 색깔의 의미는?

[실험중 특이사항 또는 질의사항]

실전대비

1 어떤 도체에 3분동안 10[A]의 전류가 흐르면 이 도체를 통과한 전하량은 얼마인가?

2 10[V]의 건전지로 5[C]의 전하량을 이동시켰을 때 이 건전지가 한 일은 몇[J]인가?

3 어떤 회로에 10초동안 20[C]의 전하량이 이동하면 전류는 얼마인가?

4 저항에 관한 다음 설명중 옳은 것은?

① 저항은 전자밀도에 비례한다.

② 저항은 전하량에 비례한다.

③ 저항은 전자의 이동에 비례한다.

④ 저항은 도전율에 반비례한다.

⑤ 저항은 전선의 종류와 무관하다.

오늘의
학습내용

요 · 점 · 정 · 리

실험 02 건전지의 직/병렬 연결

학습목표

1 건전지의 역할
2 건전지의 직렬연결
3 건전지의 병렬연결
4 건전지의 직/병렬 연결

1 실험목적

건전지의 직렬회로 및 병렬회로를 구성하고, 전압특성을 실험하여 직류전원의 특성을 이해한다.

2 배경이론

1) 전지

두 지점의 상대적인 전위차를 일정하게 유지하는 역할을 하는 전지는 한번만 사용이 가능한 1차전지와 충전하면 다시 사용이 가능한 2차전지로 구분된다. 건전지는 1차전지의 대표적인 전지이다. 일반적인 건전지는 1.5V, 9V, 12V등의 전압으로 제작되며 크기에 따라 AAA형, AA형… 등으로 나누어진다.

2) 건전지의 직렬연결

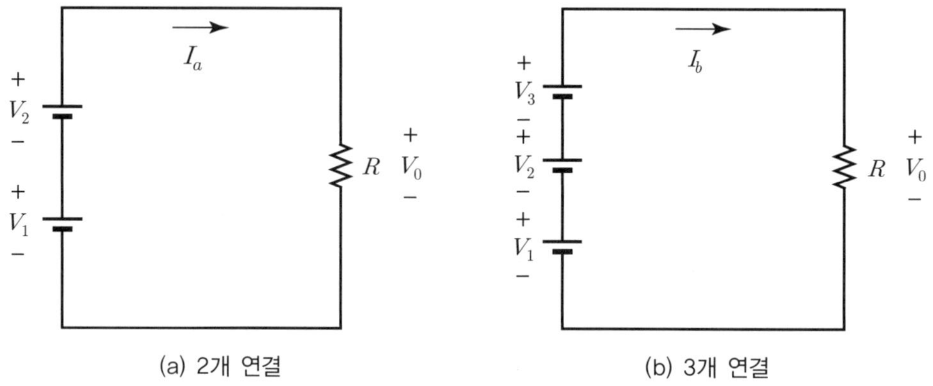

□ **그림 2.1** 건전지의 직렬연결

$$\begin{aligned} V_0 &= V_1 + V_2 + \cdots \\ &= \sum_{i=1}^{N} V_i \end{aligned} \tag{2.1}$$

그림 2.1에서 각 회로에 흐르는 전류는 다음과 같이 연결하는 건전지의 개수에 비례하여 전류가 증가한다.

$$\begin{aligned} I_a &= \frac{V_0}{R} = \frac{V_1 + V_2}{R} \\ I_b &= \frac{V_0}{R} = \frac{V_1 + V_2 + V_3}{R} \end{aligned} \tag{2.2}$$

쉬운설명

건전지의 직렬연결

저항의 직렬연결과 같이 모든 건전지의 전압을 더 하면 된다. 단, 건전지의 방향이 반대가 되면 극성이 바뀌므로 조심하여야 한다.

3) 건전지의 병렬연결

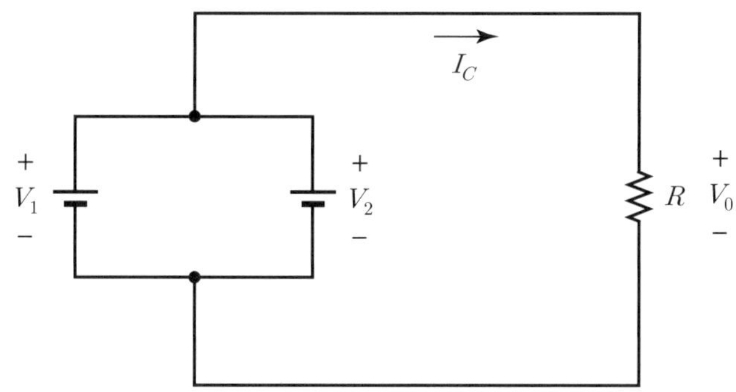

□ **그림 2.2** 건전지의 병렬 연결

$$V_0 = V_1 = V_2 \tag{2.3}$$

$$I_c = \frac{V_0}{R} = \frac{V_1}{R} = \frac{V_2}{R} \tag{2.4}$$

> **쉬운설명**
>
> **건전지의 병렬연결**
>
> 건전지의 병렬연결은 전압은 변화가 없지만, 사용시간을 늘릴 수 있다.

4) 건전지의 직/병렬연결

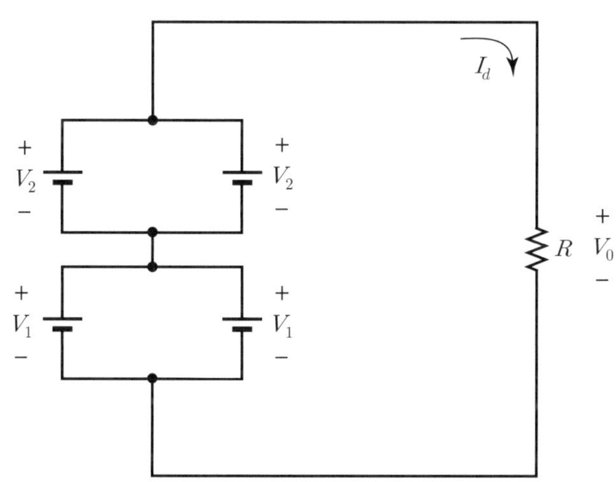

□ **그림 2.3** 건전지의 직/병렬 연결

$$V_0 = V_1 + V_2$$

$$I_d = \frac{V_0}{R} = \frac{V_1 + V_2}{R} \tag{2.5}$$

3 실험 준비물

1) 건전지 : 1.5V, AA형, AAA형
2) 건전지 : 9V
3) 직류전원공급장치
4) 전선
5) 전압계
6) 전류계

4 실험방법

1) 건전지의 전위차 측정

❶ 같은 전압을 갖는 건전지 2개를 사용하여 다음과 같은 직류회로를 구성한다.

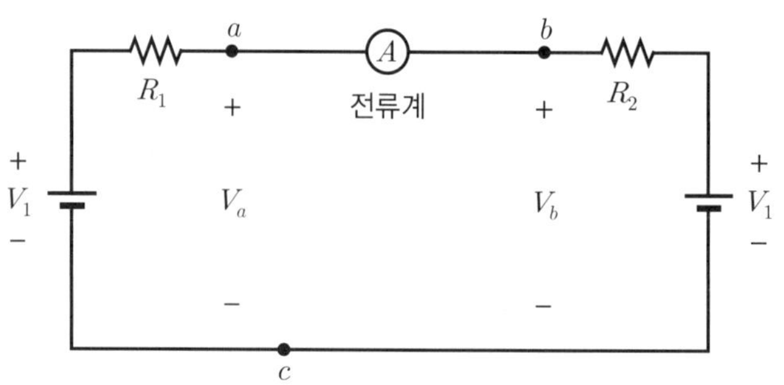

□ **그림 2.4** 건전지의 전위차 실험회로

❷ c점을 기준으로 a점과 b점의 전압을 측정한다.

❸ 전류계를 이용하여 회로에 흐르는 전류를 측정한다.

2) 건전지의 직렬연결

❹ 다음 그림과 같이 건전지를 직렬로 연결하고 합성 전압과 부하에 흐르는 전류를 측정한다.

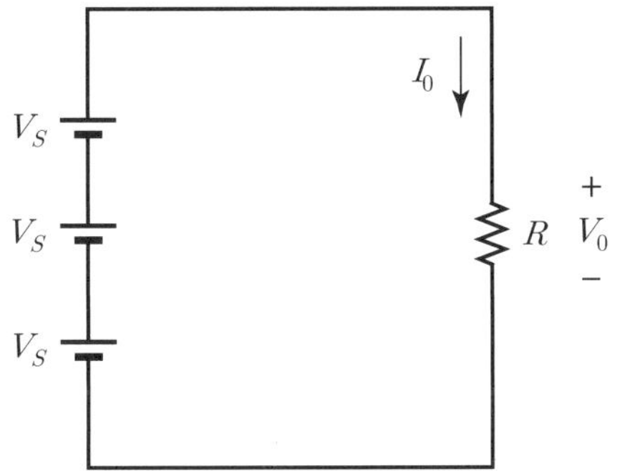

□ **그림 2.5** 건전지의 직렬연결 실험회로

3) 건전지의 병렬연결

❺ 다음 회로도와 같이 건전지를 병렬로 연결하고 합성전압과 부하에 흐르는 전류를 측정한다.

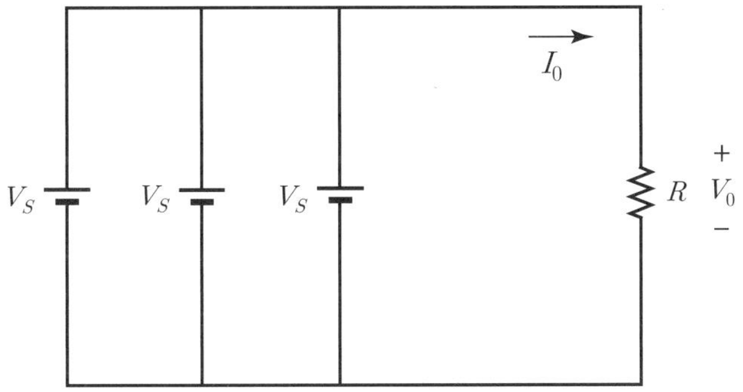

□ **그림 2.6** 건전지의 병렬연결 실험회로

4) 건전지의 직/병렬연결

❻ 다음과 같이 회로를 구성하고 합성전압과 부하에 흐르는 전류를 측정한다. 이때 건전지는 동일한 종류를 사용한다.

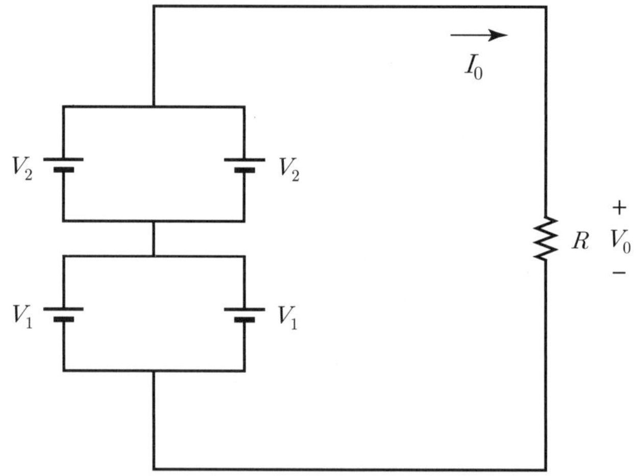

□ **그림 2.7** 건전지의 직/병렬연결 실험회로

5 실험결과

[실험자]

________과 ____학년 ____반 성명: ___________

[실험일자]

________년 _____월 _____일

[실험조]

_____조

[실험결과]

1) 건전지의 전위차 측정

실험횟수	V_a	V_b	V_{ab}	I
1				
2				
3				

[고찰 및 확인]

① 같은 건전지 사이에도 전위차가 생기는가?

2) 건전지의 직렬연결

건전지 종류	건전지 개수(V_s)	전압(V_o)	전류(I_o)
1.5V, AA형 또는 AAA형	1		
	2		
	3		
9V	1		
	2		
	3		

[고찰 및 확인]

① 건전지 직렬연결의 장단점은?

3) 건전지의 병렬연결

건전지 종류	건전지 개수(V_s)	전압(V_o)	전류(I_o)
1.5V, AA형 또는 AAA형	1		
	2		
	3		
9V	1		
	2		
	3		

[고찰 및 확인]

① 건전지 병렬연결의 장단점은?

4) 건전지의 직/병렬연결

건전지 종류	V1	V2	비고
1.5V, AA형 또는 AAA형			
9V			

[실험중 특이사항 또는 질의사항]

실전대비

※ 다음 직류회로에서 저항 양단의 전압(V_o)과 전류(I_o)는 얼마인가?

1

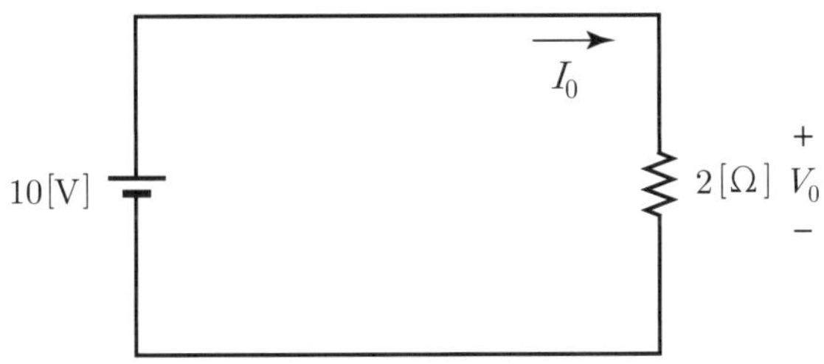

2

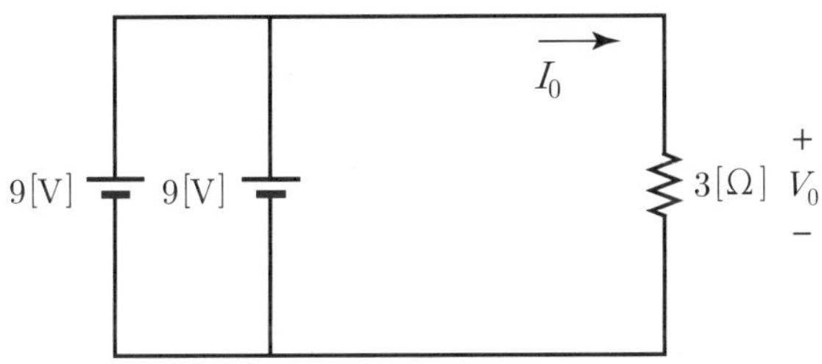

3

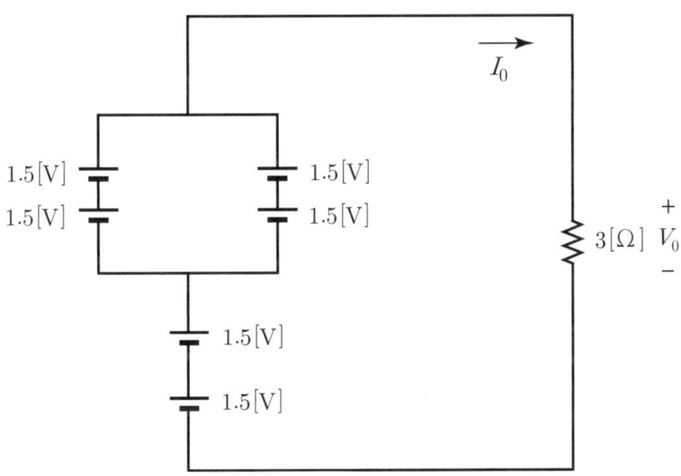

오늘의
학습내용

요 · 점 · 정 · 리

실험 03 저항의 직/병렬 연결

학습목표

1. 직류의 직렬회로 특성
2. 직류의 병렬회로 특성
3. 저항의 직렬연결시 합성저항
4. 저항의 병렬연결시 합성저항

1 실험목적

저항의 직렬과 병렬 연결회로를 구성하여 전압, 전류, 저항을 측정하고, 직류회로의 직렬과 병렬회로의 특성을 이해한다.

2 배경이론

1) 저항의 직렬연결

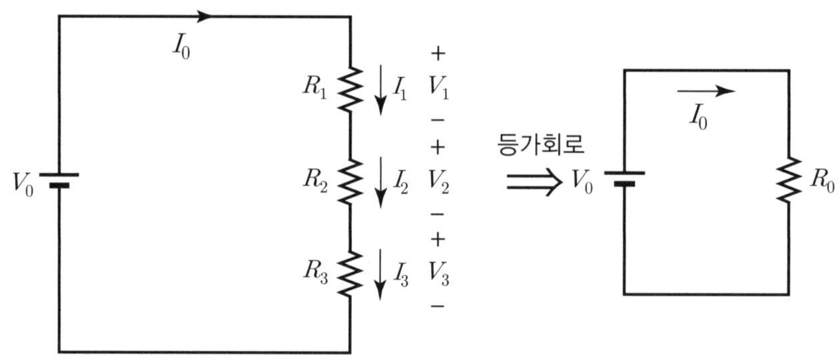

□ **그림 3.1** 저항의 직렬연결

① 각 저항에 흐르는 전류의 크기는 같다. (식 3.1)

② 각 저항양단 전압의 합은 공급전압의 크기와 같다. (식 3.2)

③ 회로 전체저항은 각 저항의 합과 같다. (식 3.3)

④ 각 저항양단의 전압은 저항의 크기에 비례한다. ($V_i \propto R_i$)

$$I_0 = I_1 = I_2 = I_3 \tag{3.1}$$

$$\begin{aligned} V_0 &= V_1 + V_2 + V_3 \\ &= R_1 I_1 + R_2 I_2 + R_3 I_3 \\ &= (R_1 + R_2 + R_3) I \end{aligned} \tag{3.2}$$

$$R_0 = \frac{V_0}{I_0} = R_1 + R_2 + R_3 \tag{3.3}$$

2) 저항의 병렬연결

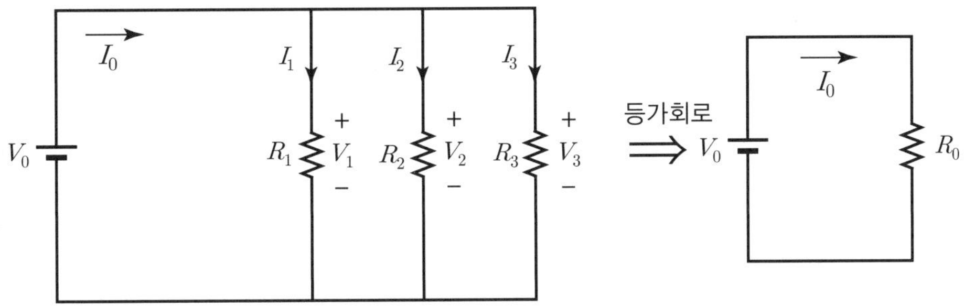

□ **그림 3.2** 저항의 병렬연결

① 각 저항양단의 전압은 공급전압의 크기와 같다. (식 3.4)

② 각 저항에 흐르는 전류의 합은 공급전류와 같다. (식 3.5)

③ 회로 전체저항은 각 저항의 합보다 작다. (식 3.6)

④ 각 저항에 흐르는 전류는 저항의 크기에 반비례한다. ($I_i \propto 1/R_i$)

$$V = V_1 = V_2 = V_3 \tag{3.4}$$

$$\begin{aligned} I_0 &= I_1 + I_2 + I_3 \\ &= \frac{V_1}{R_1} + \frac{V_2}{R_2} + \frac{V_3}{R_3} \\ &= \left(\frac{1}{R_1} + \frac{1}{R_2} + \frac{1}{R_3}\right) V \end{aligned} \tag{3.5}$$

$$\frac{1}{R_0} = \frac{1}{R_1} + \frac{1}{R_2} + \frac{1}{R_3} \tag{3.6}$$

3) 저항의 직/병렬연결

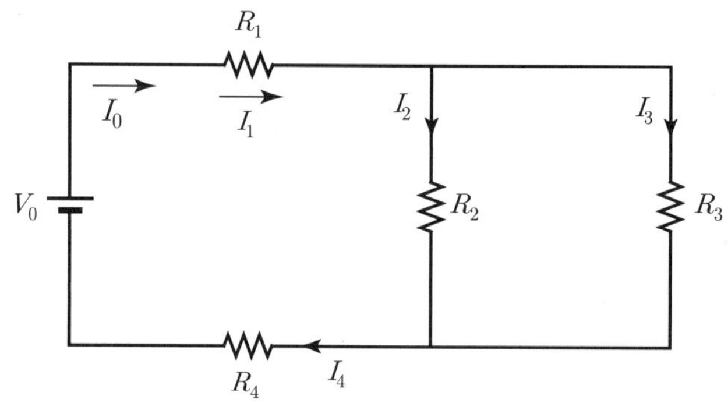

그림 3.3 저항의 직/병렬연결

$$R_0 = R_1 + R_2 \parallel R_3 + R_4 \tag{3.7}$$

$$I_0 = \frac{V_0}{R_0} \tag{3.8}$$

$$I_0 = I_1 = I_2 + I_3 = I_4 \tag{3.9}$$

3 실험준비물

1) 직류전원공급장치
2) 저항 : 값이 같은 것 2개, 값이 서로 다른 것 7개 이상
3) 전선
4) 전류계
5) 전압계

4 실험방법

1) 저항의 직렬연결

❶ 아래와 같이 저항의 직렬연결회로를 구성한다.

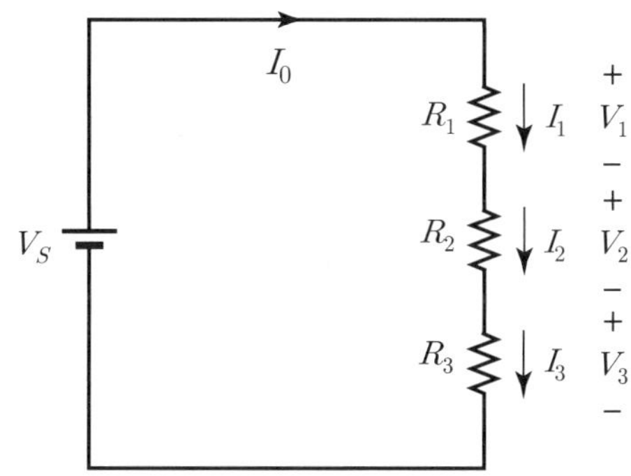

□ 그림 3.4 저항의 직렬연결 회로

❷ 직렬로 연결되는 각 저항의 값을 측정한다.

❸ 입력전압과 각 저항양단의 전압을 측정한다.

❹ 회로전체에 흐르는 전류와 각 저항에 흐르는 전류를 측정한다.

2) 저항의 병렬연결

❶ 아래와 같이 저항의 병렬연결회로를 구성한다.

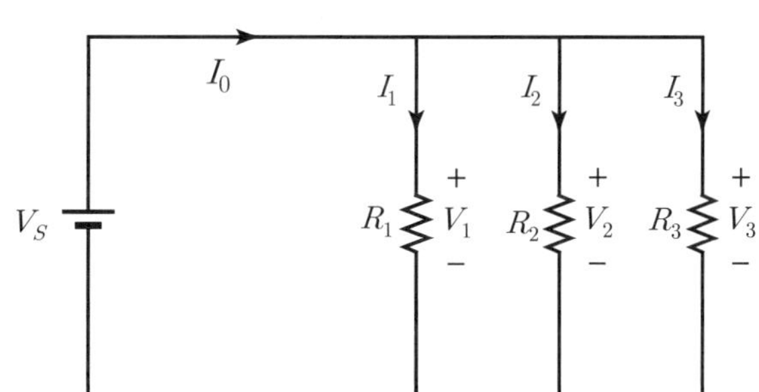

□ 그림 3.5 저항의 병렬연결 회로

❷ 병렬로 연결되는 각 저항의 값을 측정한다.

❸ 입력전압과 각 저항양단의 전압을 측정한다.

❹ 회로전체에 흐르는 전류와 각 저항에 흐르는 전류를 측정한다.

3) 저항의 직/병렬연결

❶ 아래와 같이 저항의 직/병렬연결회로를 구성한다.

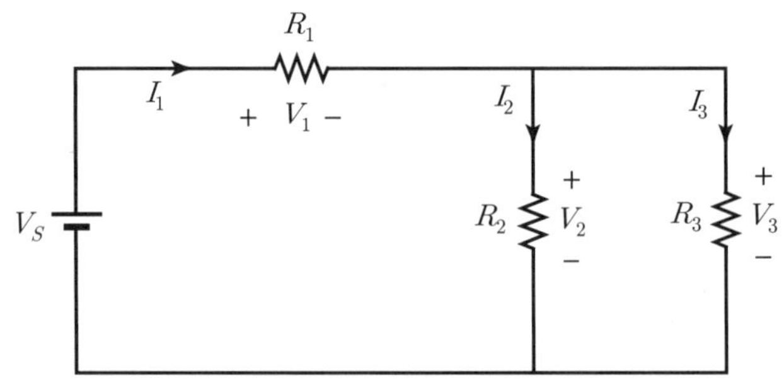

□ **그림 3.6** 저항의 직/병렬연결 회로

❷ 직/병렬로 연결되는 각 저항의 값을 측정한다.

❸ 입력전압과 각 저항양단의 전압을 측정한다.

❹ 회로전체에 흐르는 전류와 각 저항에 흐르는 전류를 측정한다.

5 실험결과

[실험자]

_________과 ____학년 ____반 성명: ___________

[실험일자]

_________년 _____월 _____일

[실험조]

_____조

[실험결과]

1) 저항의 직렬연결

공급전압 (V_s)	저항			전압			전류		
	R_1	R_2	R_3	V_1	V_2	V_3	I_1	I_2	I_3

[고찰 및 확인]

① 물의 흐름과 비교했을 때 직렬연결회로는?

2) 저항의 병렬연결

공급전압 (V_s)	저항			전압			전류		
	R_1	R_2	R_3	V_1	V_2	V_3	I_1	I_2	I_3

[고찰 및 확인]

① 물의 흐름과 비교했을 때 병렬연결회로는?

3) 저항의 직/병렬연결

공급전압 (V_s)	저항			전압			전류		
	R_1	R_2	R_3	V_1	V_2	V_3	I_1	I_2	I_3

[고찰 및 확인]

① $I_1 = I_2 + I_3$

② $V_2 = V_3$

③ $V_s = V_1 + V_2 = V_1 + V_3$

[실험중 특이사항 또는 질의사항]

실전대비

1 다음 회로에서 V_1과 V_2는 얼마[V]인가?

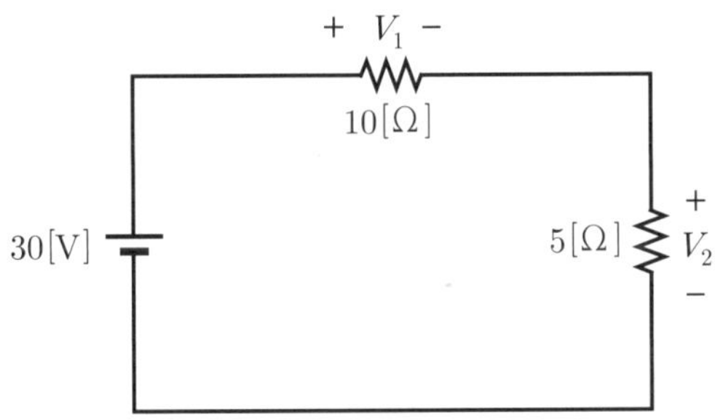

2 다음 회로를 보고 질문에 답하시오.

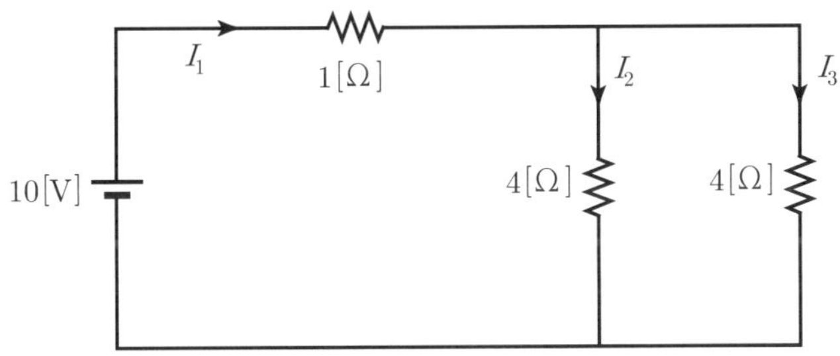

① 전체 저항은 얼마인가?

② 각 저항에 흐르는 전류(I_1, I_2, I_3)는 얼마[A]인가?

오늘의
학습내용

요 · 점 · 정 · 리

실험 04 저항의 온도특성

학습목표

1. 저항특성
2. 도체에서 온도계수
3. 반도체의 온도계수

1 실험목적

직류회로에서 온도의 변화에 따른 저항값을 측정하여 도전체의 온도계수를 이해하고 반도체의 경우와 비교해 본다.

2 배경이론

1) 도체의 온도와 저항값 변화

특정한 고유저항을 가지는 도체의 저항은 길이에 비례하고, 단면적에 반비례한다는 사실은 앞장에서 다루었다. 하지만, 도체의 저항값을 변화시키는 또 하나의 요소가 온도의 변화에 대한 도체의 도전율 변화이다. 즉, 도체는 온도에 따라 저항값이 달라지며 이를 온도계수로 정의한다.

2) 저항의 온도계수

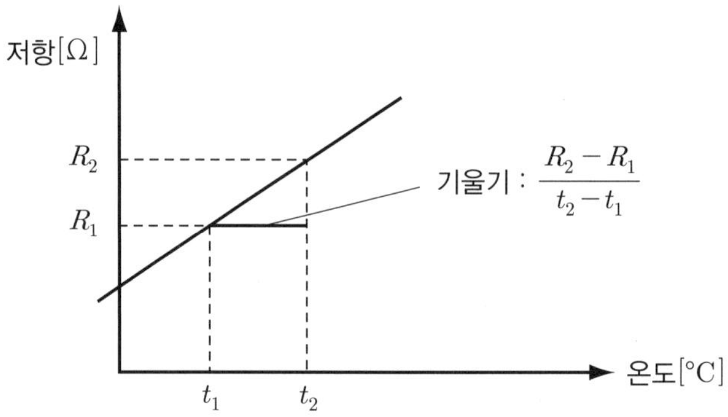

그림 4.1 저항의 온도특성

위 그림과 같이 도체는 온도가 올라갈수록 저항값도 비례하여 커지며, 이러한 변화의 정도를 온도계수로 정의한다.

온도계수의 정의는 다음과 같다.

$$\alpha_0 = \frac{\frac{R_2 - R_1}{t_2 - t_1}}{R_1} \ [1/℃] \tag{4.1}$$

쉬운설명

도체의 온도계수

도체의 온도계수는 온도변화에 대한 저항값 변화의 비를 나타낸다. 여기서, 초기 저항값으로 나누어 주는 것은 저항값의 변화량을 원래 자신의 저항값에 대한 정도로 환산하기 위함이다.

반도체의 온도특성

실리콘(Si)이나 게르마늄(Ge) 같은 순수 반도체(진성 반도체)의 저항값은 도체 보다는 크지만, 부도체 보다는 크지 않다. 상세한 내용은 반도체의 특성에서 다루기로 한다. 다만, 이러한 반도체의 온도특성이 도체와 비교하여 종종 국가시험에 출제되고 있다.

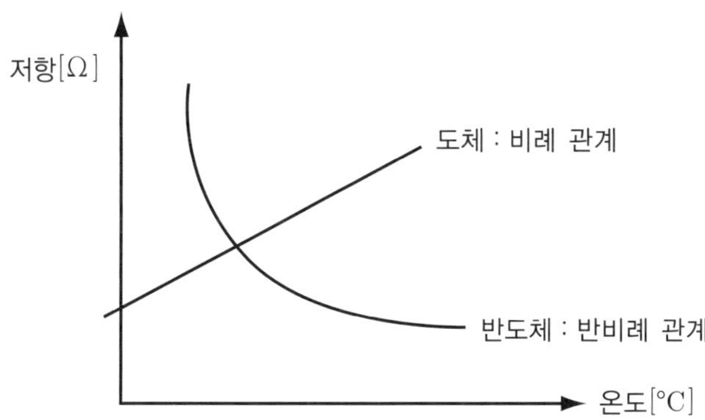

□ **그림 4.2** 도체와 반도체의 온도특성 비교

3 실험준비물

1) 직류전원공급장치
2) 저항 : 값이 같은 것 2개, 값이 서로 다른 것 7개 이상
3) 전선
4) 전류계
5) 전압계

4 실험방법

❶ 회로에 사용할 저항의 값을 측정한다.

❷ 다음 회로도와 같이 저항을 연결하고 일정한 시간이 흐른후 저항의 값을 측정한다.

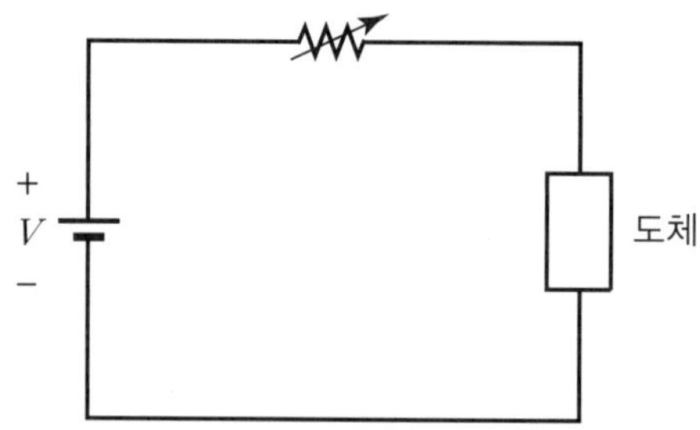

□ **그림 4.3** 저항의 온도특성 실험

❸ 도체(저항)를 변경하고 위의 실험을 반복한다.

5 실험결과

[실험자]

________과 ____학년 ____반 성명: __________

[실험일자]

________년 _____월 _____일

[실험조]

_____조

[실험결과]

도체명	온도		저항		온도계수
	t_1	t_2	R_1	R_2	

[고찰 및 확인]

① 온도계수의 값이 영보다 큰 양의 값인가?

② 같은 저항의 경우 시험을 다른 온도로 반복 실험을 하였을 때 온도계수의 값은 변화가 있는가?

[실험중 특이사항 또는 질의사항]

실전대비

1 다음중 도체의 전기저항과 관련이 없는 것은?

① 도체의 길이　② 도체의 단면적
③ 도체의 형상　④ 도체의 성분
⑤ 도체의 온도

2 어떤 도체가 20℃에서 저항을 측정하니 10[Ω]이고, 온도가 40℃에서는 12[Ω]으로 증가되었다. 이 도체의 온도계수는 얼마인가?

① 0.001　② 0.01
③ 0.1　④ 1
⑤ 10

3 다음중 온도가 올라갈수록 저항값이 적어지는 것은?

① 백금　② 은
③ 실리콘　④ 철
⑤ 구리

오늘의
학습내용

요 · 점 · 정 · 리

실험 05 옴의 법칙과 키르히호프의 법칙

학습목표

1 옴의 법칙
2 키르히호프의 제1법칙 : 전류법칙
3 키르히호프의 제2법칙 : 전압법칙

1 실험목적

전기회로에서 전류와 전압, 그리고 저항의 관계를 설명하는 옴의 법칙과 키르히호프 제1법칙, 제2법칙을 실험을 통하여 이해한다.

2 배경이론

1) 옴의 법칙

도선에 흐르는 전류는 크기와 방향이 인가되는 전압과 선로의 저항에 의해 결정된다. 즉, 전류의 흐르는 방향은 전압의 방향과 관계가 있고 그 크기는 전압, 저항의 크기에 관련이 있다. 이러한 전류, 전압, 저항은 아래 수식(5.1)로 표현된다.

$$I = \frac{V}{R}\ [A] \tag{5.1}$$

즉, 도체에 흐르는 전류의 크기는 도체에 인가되는 전압의 크기에 비례하고, 그 도체의 저항에 반비례한다.
이것을 옴의 법칙이라고 한다.

2) 키르히호프의 제1법칙(전류법칙)

회로를 해석할 때, 오옴의 법칙과 함께 많이 사용되는 것이 키르히호프의 법칙이다. 회로내의 어떤 한 점에서 들어오는 전류와 나가는 전류의 양은 같다. 즉, 유입되는 전류의 합은 유출되는 전류의 합과 같다. 이것이 키르히호프의 제1법칙이며 키르호프의 전류법칙(KCL)이라고도 한다.

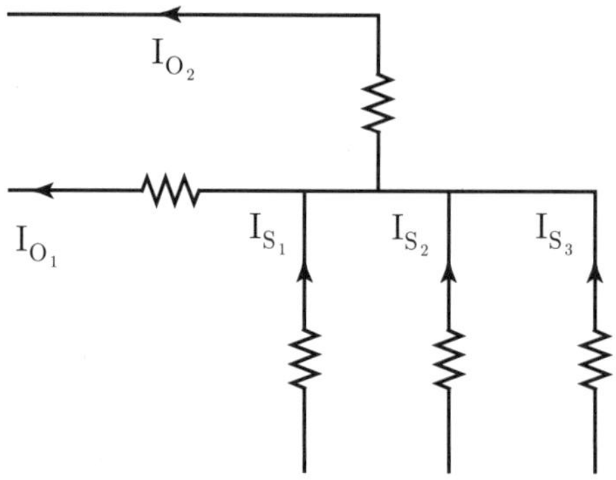

□ 그림 5.1 키르히호프의 제1법칙

$$\sum \text{유입전류} = \sum \text{유출전류}$$
$$\sum_{i=1}^{n} I_{S_i} = \sum_{j=1}^{m} I_{O_j} \tag{5.2}$$

그림 5.1에서 전류의 크기는 다음과 같은 관계가 성립한다.

$$I_{S_1} + I_{S_2} + I_{S_3} = I_{O_1} + I_{O_2} \tag{5.3}$$

쉬운설명

회로해석

전기회로에서 전압, 전류, 저항의 특정값을 구하는 것을 회로해석이라고 하며, 이때 옴의 법칙과 함께 키르히호프의 법칙은 폐회로에 동시에 적용되며 가장 기본적인 법칙으로 유용하게 이용되고 있다.

3) 키르히호프의 제2법칙(전압법칙)

회로에 인가된 전압의 합은 각 부하(저항)에서 전압강하의 합과 같다.

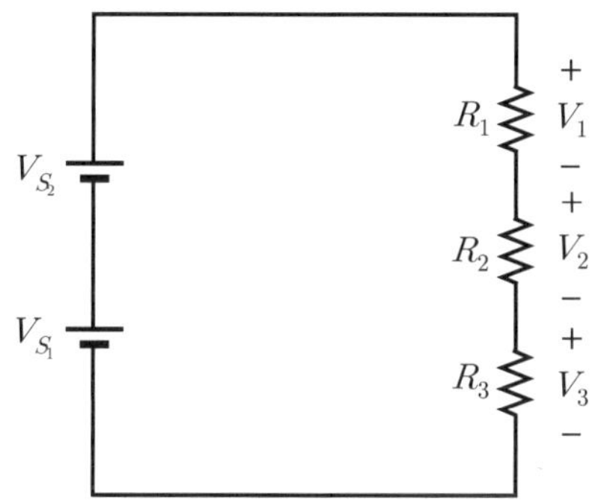

□ 그림 5.2 키르히호프의 제2법칙

$$\begin{aligned} &\sum \text{기전력} = \sum \text{전압강하} \\ &\sum_{i=1}^{n} V_{s_i} = \sum_{j=1}^{m} V_j \end{aligned} \tag{5.4}$$

그림 5.2에서 전압의 크기는 다음과 같은 관계가 성립한다.

$$V_{s_1} + V_{s_2} = V_1 + V_2 + V_3 \tag{5.5}$$

이와 같이 폐회로의 전압에 관련된 정리를 키르히호프의 제2법칙 즉, 키르히호프 전압법칙(KVL)이라고 한다.

쉬운설명

폐회로의 어느 방향이던지 한바퀴 돌면 제자리!!
전위차는 Zero!!!

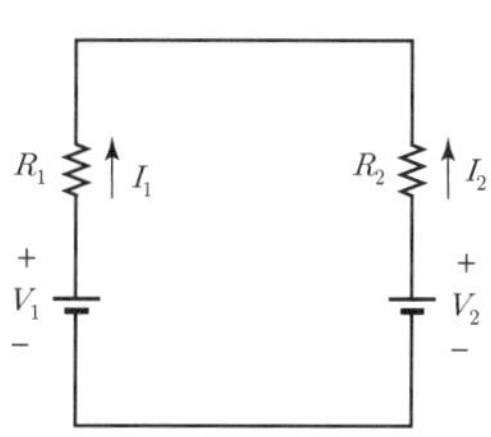

$$V_1 - V_2 = I_1R_1 - I_2R_2$$

$$*- V_1 + I_1R_1 - I_2R_2 + V_2 = 0$$

3 실험준비물

1) 직류전원공급장치
2) 저항 : 값이 같은 것 2개, 값이 서로 다른 것 7개 이상
3) 전선
4) 전류계
5) 전압계

4 실험방법

1) 옴의 법칙

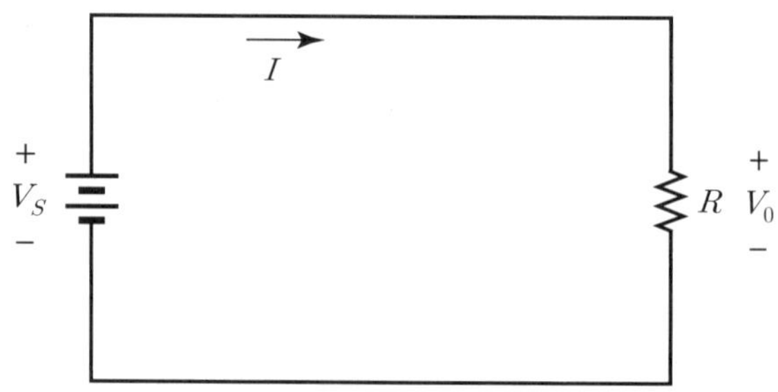

□ **그림 5.3** 옴의 법칙 실험

2) 키르히호프의 제1법칙(전류법칙)

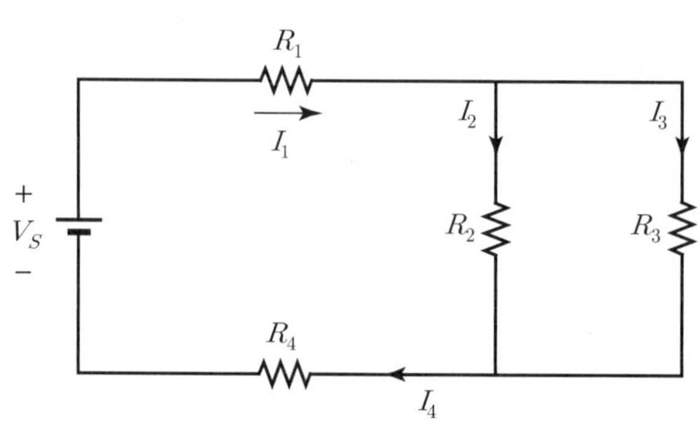

□ **그림 5.4** 키르히호프의 제1법칙 실험

3) 키르히호프의 제2법칙(전압법칙)

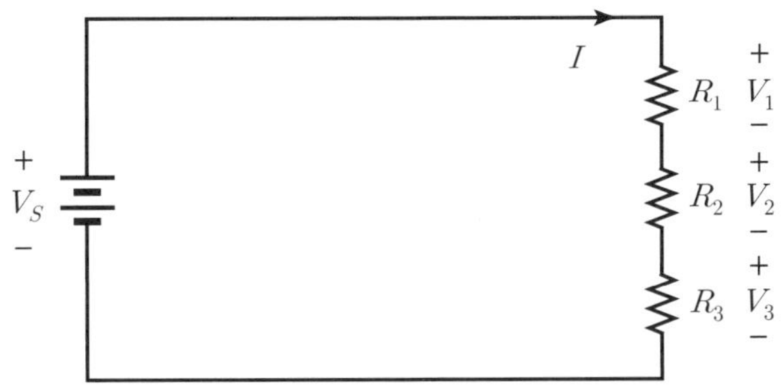

그림 5.5 키르히호프의 제2법칙 실험

5 실험결과

[실험자]

________과 ____학년 ____반 성명: ___________

[실험일자]

________년 _____월 _____일

[실험조]

_____조

[실험결과]

1) 옴의 법칙

공급전압 (V_s)	저항(R)	전압(V_o)	전류	
			측정값	계산값

[고찰 및 확인]

① 전류의 측정값과 옴의 법칙에 의한 계산값이 일치하는가?

2) 키르히호프의 제1법칙(전류법칙)

공급전압 (V_s)	전류			
	I1	I2	I3	I4

[고찰 및 확인]

① 각 I1 = I2 + I3 = I4의 관계가 성립하는가?

3) 키르히호프의 제2법칙(전압법칙)

공급전압	전류	저항			전압		
(V_s)	I	R1	R2	R3	V1	V2	V3

[고찰 및 확인]

① $V_s = V1 + V2 + V3$의 관계가 성립하는가?

② $V1 = R1 * I$, $V2 = R2I$, $V3 = R3 * I$의 관계가 성립하는가?

[실험중 특이사항 또는 질의사항]

실전대비

1 다음과 같은 회로에서 R_1의 저항값은 얼마인가?

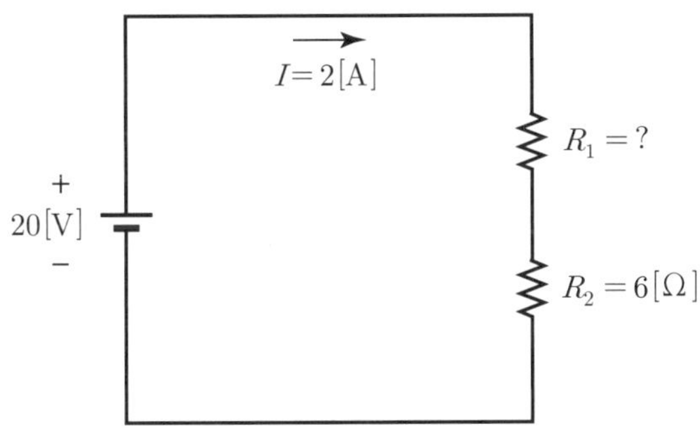

2 어떤 직류회로의 저항양단의 전압과 전류를 측정하니 10[V]와 2[A]의 결과를 얻었다. 이 회로에 15[V]를 인가하면 얼마의 전류가 흐르겠는가?

3 어떤 직류회로의 입력전압을 일정하게 유지하고, 전류를 20%증가 시키려면 저항값을 처음값의 몇 배가 되도록 하면 되겠는가?

오늘의
학습내용

요 · 점 · 정 · 리

III

정전기 및 자기회로

실험 06 콘덴서의 특성

학습목표

1. 콘덴서와 전하량
2. 콘덴서의 직렬 및 병렬연결

1 실험목적

① 콘덴서의 정전용량에 대하여 이해한다.
② 콘덴서를 직렬 및 병렬로 연결시 합성용량을 구할수 있다.

2 배경이론

1) 정전기

원자모델에서 자유전자의 이동에 의해 전기가 발생한다고 설명하였다. 두 물체가 마찰에 의해 전기가 발생하면 자유전자는 계속 이동하지 않고 물체에 머물러 있다. 즉, +전기와 −전기가 정지되어 있으며, 이를 정전기(static electricity)라고 한다.

2) 쿨롱의 법칙

두 전하간에 발생하는 힘은 전하크기의 곱에 비례하고 거리의 제곱에 반비례한다.

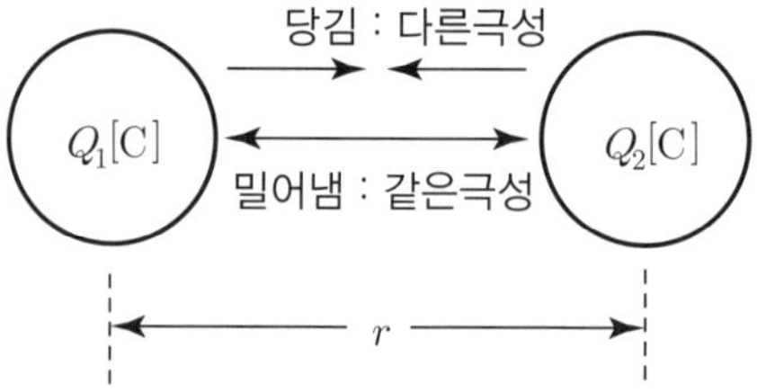

□ **그림 6.1** 쿨롱의 법칙

$$F = k\frac{Q_1 \cdot Q_2}{r^2}[N] \tag{6.1}$$

$$k = \frac{1}{4\pi\epsilon} \tag{6.2}$$

$$\epsilon = \epsilon_0 \cdot \epsilon_s \tag{6.3}$$

쉬운설명

쿨롱의 법칙에서 상수 k

$$k = \frac{1}{4\pi\epsilon} = \frac{1}{4\pi\epsilon_0\epsilon_s} = 9 \times 10^9 \frac{1}{\epsilon_s}$$

3) 콘덴서

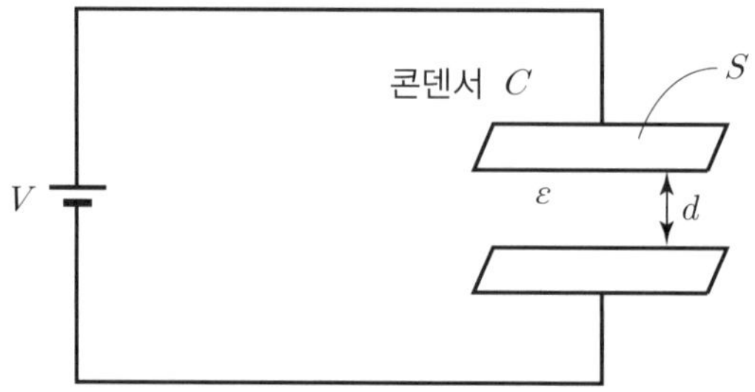

□ **그림 6.2** 콘덴서

$$Q = C \cdot V \qquad (6.3)$$

C: 비례상수(정전용량)

$$C = \frac{\epsilon S}{d} \qquad (6.4)$$

ϵ : 유전율, S : 단면적, d : 거리

4) 콘덴서의 직렬연결

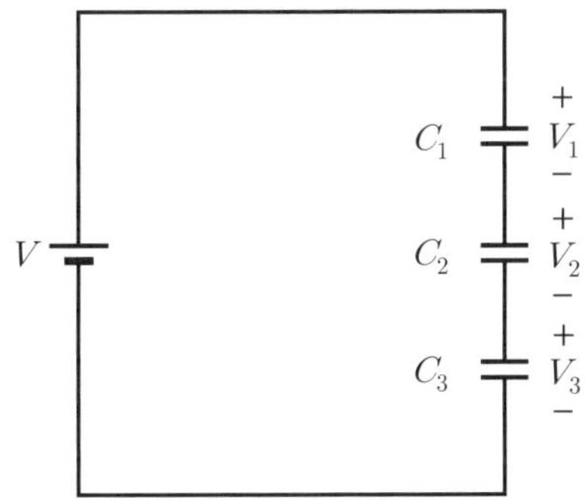

그림 6.3 콘덴서의 직렬연결

$$Q = Q_1 = Q_2 = Q_3 \qquad (6.5)$$

$$Q_1 = C_1V_1[C] \qquad V_1 = \frac{Q}{C_1}[V] \qquad (6.6)$$

$$Q_2 = C_2V_2[C] \qquad V_2 = \frac{Q}{C_2}[V] \qquad (6.7)$$

$$Q_3 = C_3V_3[C] \qquad V_3 = \frac{Q}{C_3}[V] \qquad (6.8)$$

$$\begin{aligned} V &= V_1 + V_2 + V3 \\ &= \frac{Q}{C_1} + \frac{Q}{C_2} + \frac{Q}{C_3} = \left(\frac{1}{C_1} + \frac{1}{C_2} + \frac{1}{C_3}\right)Q[V] \end{aligned} \qquad (6.9)$$

$$\frac{1}{C_0} = \frac{1}{C_1} + \frac{1}{C_2} + \frac{1}{C_3} \qquad (6.10)$$

5) 콘덴서의 병렬연결

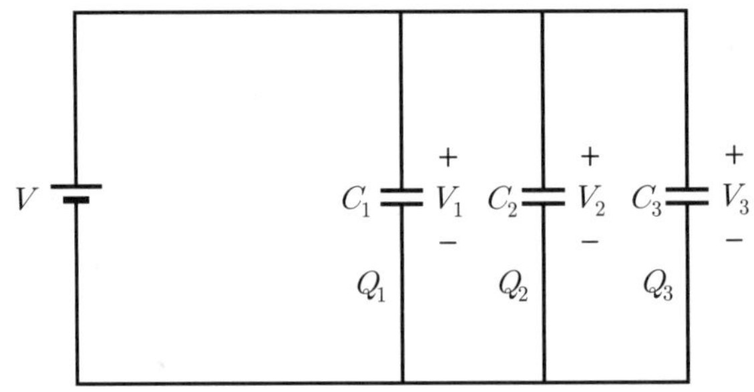

그림 6.4 콘덴서의 병렬연결

$$Q_1 = C_1V_1[C] \tag{6.11}$$

$$Q_2 = C_2V_2[C] \tag{6.12}$$

$$Q_3 = C_3V_3[C] \tag{6.13}$$

$$V = V_1 = V_2 = V_3 \tag{6.14}$$

$$Q = Q_1 + Q_2 + Q_3 = C_1V_1 + C_2V_2 + C_3V_3 = (C_1 + C_2 + C_3)V \tag{6.15}$$

$$C_0 = C_1 + C_2 + C_3 \cdots\cdots\cdots C_n[F] \tag{6.16}$$

쉬운설명

콘덴서는 저항의 직병렬 연결과 반대로 생각!!

콘덴서의 직렬연결 ⇔ 저항의 병렬연결

콘덴서의 병렬연결 ⇔ 저항의 직렬연결

3 실험준비물

1) 회로기판
2) 건전지 또는 직류전원공급장치
3) 콘덴서 2종 이상
4) 전선
5) 전류계
6) 전압계
7) 스위치

4 실험방법

1) 콘덴서의 직렬연결

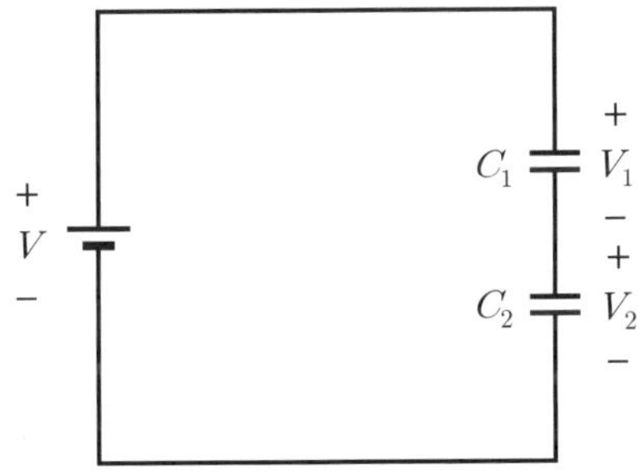

그림 6.5 콘덴서의 직렬연결 실험

2) 콘덴서의 병렬연결

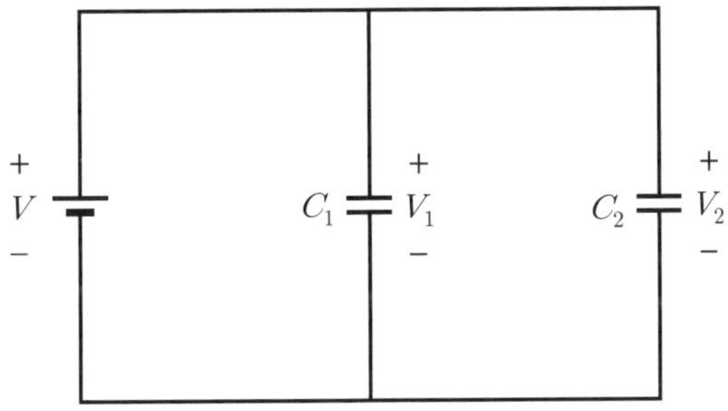

그림 6.6 콘덴서의 병렬연결 실험

5 실험결과

[실험자]

________과 ____학년 ____반 성명: ___________

[실험일자]

________년 _____월 _____일

[실험조]

_____조

[실험결과]

1) 콘덴서의 직렬연결

V	C_1	C_2	V_1	V_2	Q_1	Q_2	C_o

[고찰 및 확인]

① 콘덴서별로 전압과 전하량의 비례관계가 성립하는가?

② 합성 콘덴서의 용량을 계산하시오.

2) 콘덴서의 병렬연결

V	C_1	C_2	V_1	V_2	Q_1	Q_2	C_o

[고찰 및 확인]

① 콘덴서별로 전압과 전하량의 비례관계가 성립하는가?

② 합성 콘덴서의 용량을 계산하시오.

[실험중 특이사항 또는 질의사항]

실전대비

1 용량이 같은 콘덴서 3개를 병렬로 연결할 때 합성용량이 3[μF]이었다. 이 콘덴서 3개를 직렬로 연결하면 얼마[μF]가 되겠는가?

2 다음 회로의 전체 콘덴서 용량은 얼마[μF]가 되겠는가?

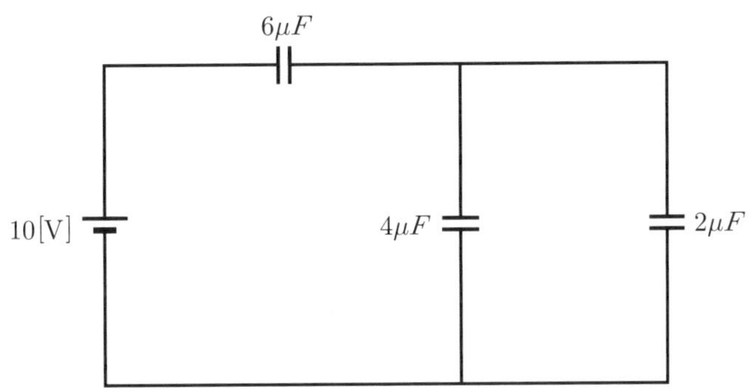

3 콘덴서의 단면적을 2배로 늘리면 정전용량은 몇 배가 되겠는가?

오늘의
학습내용

요 · 점 · 정 · 리

실험 **07**

전자유도 현상

학습목표

1. 자계에서 쿨롱의 법칙
2. 암페어의 오른나사법칙
3. 자기회로에서 옴의 법칙
4. 패러데이의 법칙/렌쯔의 법칙
5. 전자유도 현상
6. 플레밍의 왼손법칙
7. 플레밍의 오른손법칙

1 실험목적

① 자계에서 자속의 특성을 이해한다.

② 전류에 의한 자계현상을 실험하고 암페어의 오른나사법칙을 이해한다.

③ 자기회로에서 옴의 법칙에 대하여 이해한다.

④ 전자력의 개념과 플레밍의 왼손법칙을 이해한다.

⑤ 전자유도 현상을 학습하고 패러데이의 법칙, 렌쯔의 법칙, 플레밍의 오른손 법칙을 실험으로 익힌다.

2 배경이론

1) 자력선의 성질

자석의 극성에 의해 발생하는 힘을 자력(magnetic force)라고 하며, 이때 N극과 S극사이에 작용하는 자기현상을 가상의 선으로 표현한 것이 자력선이다.

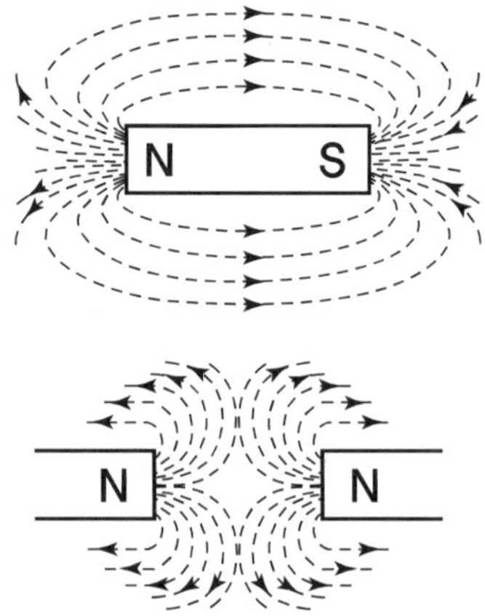

□ **그림 7.1** 콘덴서의 병렬연결 실험

자력선의 성질

① 자력선 방향 : N극 → S극
② 자력선은 서로 교차하지 않는다.
③ 자력선의 방향 : 자계의 방향
④ 자력선의 밀도 : 자계의 세기

2) 자계에서 쿨롱의 법칙

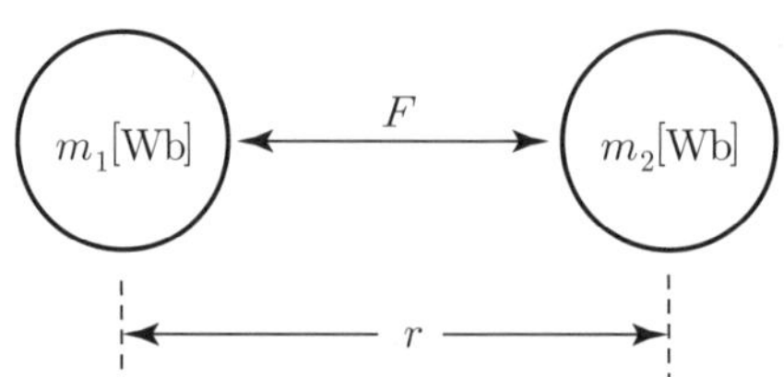

□ **그림 7.2** 자계에서 쿨롱의 법칙

- 2개의 자극간에 작용하는 힘은
  - 자극 세기의 곱에 비례하고
  - 자극간 거리의 제곱에 반비례한다.

$$F = k\frac{m_1 m_2}{r^2}[N] \tag{7.1}$$

3) 암페어의 오른나사 법칙

전류에 의한 자계현상으로 자력선과 전류의 방향을 결정한다.

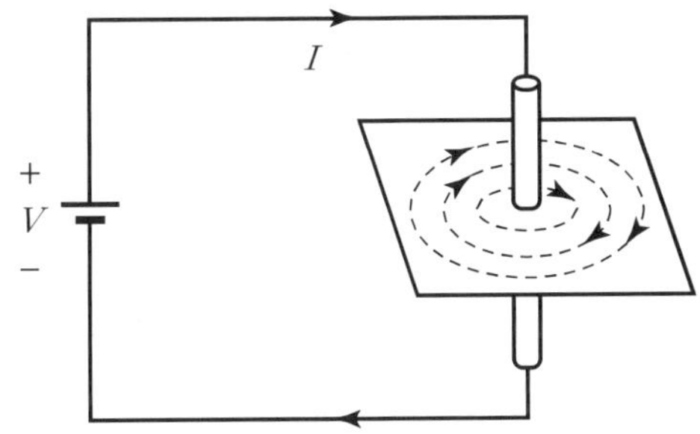

그림 7.3 암페어의 오른나사 법칙

4) 자기회로에서 옴의 법칙

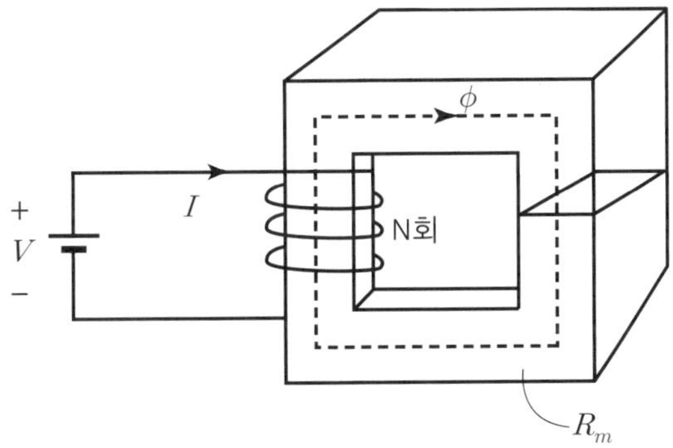

그림 7.4 자기회로

$$\Phi = \frac{N\,I}{R_m}[\text{Wb}] \tag{7.2}$$

☐ 전기회로와 자기회로의 비교

전기회로	자기회로
전압 V[V]	기자력 F = N · I[AT]
전류 I[A]	자속 ϕ[Wb]
저항 R[Ω]	자기저항 Rm[AT/Wb]
$I = \frac{V}{R}$	$\phi = \frac{N \cdot I}{Rm}$

5) 전자력과 플레밍의 왼손법칙

전자력(electromagnetic force)는 자계내에서 도체에 흐르는 전류에 의해 발생되는 힘을 의미한다.

$$F = BIl\sin\theta \; [N] \tag{7.3}$$

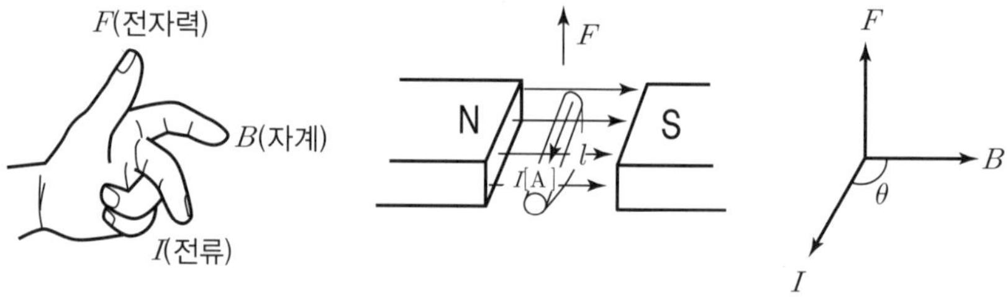

☐ 그림 7.5 플레밍의 왼손법칙

자계와 전류의 방향에 따라 전자력의 방향을 결정하는 플레밍의 왼손법칙은 전동기의 원리이다.

6) 전자유도 현상

코일내에 흐르는 자속의 변화에 따라 기전력이 발생하는 현상을 전자유도(electromagnetic induction)라고 한다. 이때 발생되는 기전력을 유도기전력이라고 하며, 유도기전력에 의해 회로에 흐르는 전류를 유도전류라고 한다.

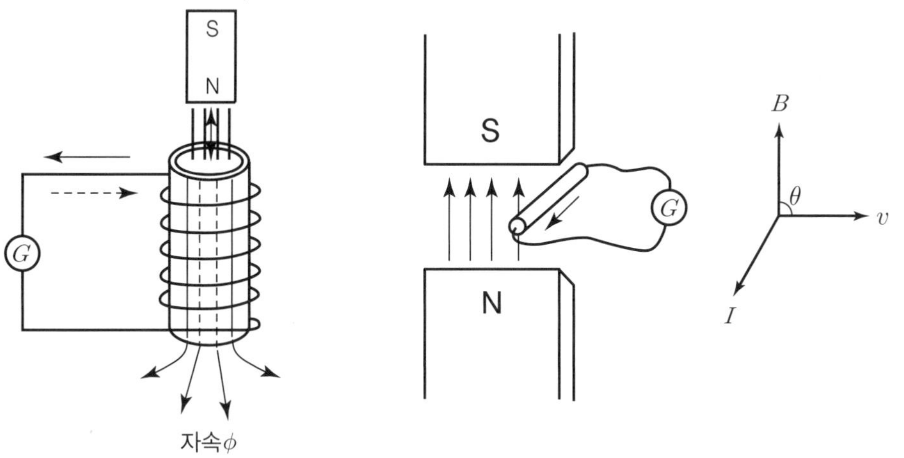

□ **그림 7.6** 전자유도

• 패러데이의 법칙

전자유도에 의해 발생하는 유도기전력의 크기는 자속의 변화율에 비례한다.

$$e = N\frac{d\Phi}{dt}\ [V] \tag{7.4}$$

• 렌쯔의 법칙

전자유도에 의해 발생하는 유도기전력의 방향은 자속의 변화를 방해하는 방향으로 발생한다.

$$e = -N\frac{d\Phi}{dt}\ [V] \tag{7.5}$$

• 플레밍의 오른손 법칙

자속의 방향과 운동의 방향에 의해 전자유도되는 기전력의 방향을 결정한다.

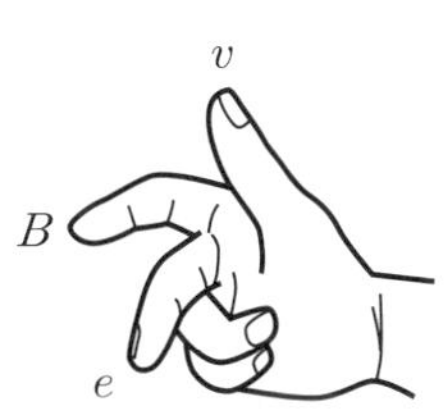

□ **그림 7.7** 플레밍의 오른손 법칙

$$e = Blv\sin\theta\,[V] \tag{7.6}$$

3 실험준비물

1) 직류전원공급장치
2) 건전지
3) 자석 또는 나침반
4) 저항(가변)
5) 회로기판과 전선
6) 멀티미터

4 실험방법

1) 암페어의 오른나사 법칙

❶ 다음 그림과 같이 폐회로를 구성하고 나침반이나 자석을 움직일 수 있도록 위치시킨다.

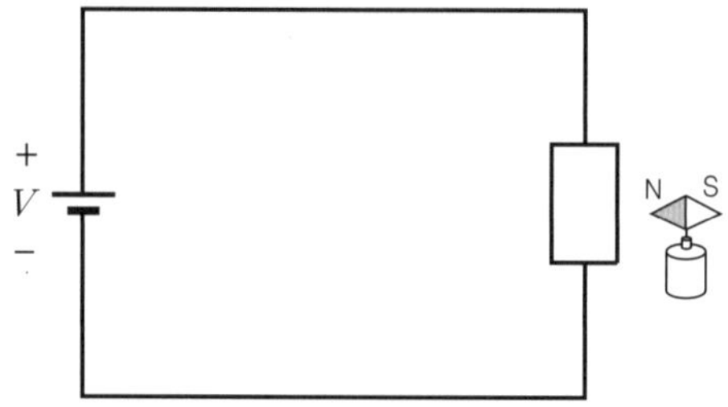

그림 7.8 암페어의 오른나사법칙 실험

❷ 건전지를 연결하였을 때 나침반(또는 자석)의 움직임을 기록한다.

❸ 건전지의 극성을 반대로 연결하였을 때 나침반(또는 자석)의 움직임을 기록한다.

2) 플레밍의 왼손법칙

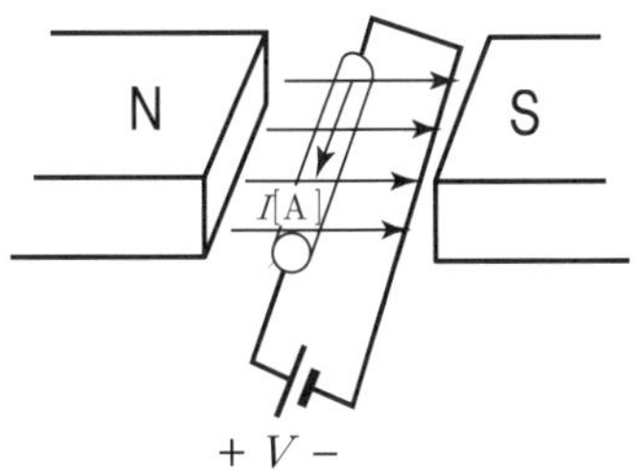

□ **그림 7.9** 플레밍의 왼손법칙 실험

❶ 자석을 그림과 같은 방향으로 위치시키고 막대에 전원을 연결하여 전류가 흐르도록 한다.

❷ 이때 자석 N, S극의 방향과 전류의 방향을 그림으로 표시한다.

❸ 전류가 흐를 때 막대의 움직이는 방향을 그림으로 표시한다.

3) 전자유도 현상

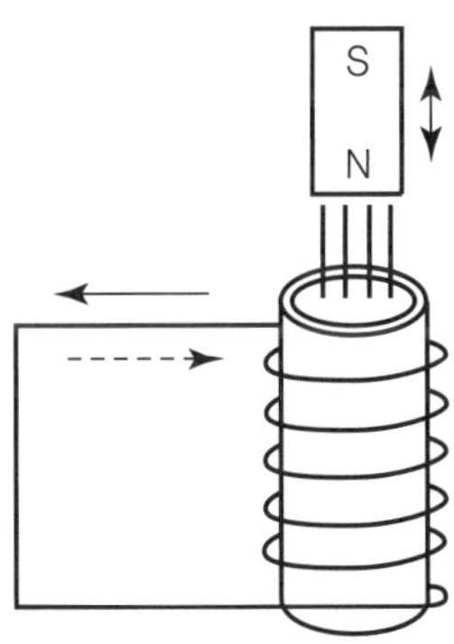

□ **그림 7.10** 전자유도현상 실험

❶ 그림과 같이 코일을 감고 막대자석을 이용하여 자속의 변화를 갖도록 한다.

❷ 이때 검류계를 통하여 전류가 발생되고 변화가 있는지 관찰한다.

❸ 자석의 극성 및 운동방향에 따라 전류의 방향이 어떻게 변화하는지 기록한다.

5 실험결과

[실험자]

________과 ____학년 ____반 성명: ___________

[실험일자]

________년 _____월 _____일

[실험조]

_____조

[실험결과]

1) 암페어의 오른나사 법칙

① 전류의 방향과 자석의 움직이는 방향을 그리시오.

② 건전지를 반대로 연결한 후 자석의 움직이는 방향을 표시하시오.

[고찰 및 확인]

① 암페어의 오른나사 법칙을 확인하시오.

2) 플레밍의 왼손법칙

① 자속의 방향을 그리고 전류를 인가하여 막대의 움직임을 표시하시오.

② 전류의 방향을 반대로 하여 막대의 움직임을 표시하시오.

[고찰 및 확인]

① 우리의 생활에서 플레밍의 왼손법칙이 응용되는 사례를 열거하시오.

[실험중 특이사항 또는 질의사항]

실전대비

1 다음중 자력선의 밀도와 관련이 있는 것은?

① 전자력
② 자속밀도
③ 자기력
④ 전계의 세기
⑤ 자기저항

2 다음은 자력선에 대한 설명이다. 올바른 설명은?

① 자력선은 S극에서 N극으로 이어진다.
② 자력선의 밀도는 자계의 세기를 의미한다.
③ 자력신은 때로 서로 교차한다.
④ 자력선의 방향으로 자계의 방향을 알 수는 없다.
⑤ 자력선은 항상 직선으로 이루어진다.

3 도선에 흐르는 전류의 방향에 의해 자계의 방향을 알 수 있는 법칙은?

① 렌쯔의 법칙
② 페러데이 법칙
③ 암페어의 오른나사 법칙
④ 비오사바르 법칙
⑤ 자계에서 쿨롱의 법칙

4 어떤 자기회로의 기자력이 100[AT]일 때 5[Wb]의 자속이 발행하였다면, 자기저항은 얼마[AT/Wb]인가?

① 5
② 10
③ 20
④ 50
⑤ 100

오늘의
학습내용

요·점·정·리

실험 08 자기유도 및 상호유도 현상

학습목표

1. 자기유도 현상
2. 자기인덕턴스 L
3. 상호유도 현상
4. 상호인덕턴스 M

1 실험목적

① 자기유도 현상에 대하여 이해한다.

② 자기인덕턴스에 대한 특성을 익힌다.

③ 상호유도 현상에 대하여 이해한다.

④ 자계 내에 축적되는 에너지의 개념을 이해한다.

2 배경이론

1) 자기유도

코일내에 흐르는 자속의 변화에 의해 발생되는 유도기전력의 크기는 패러데이의 법칙, 방향은 렌쯔의 법칙으로 설명되었다. 이와 같이 코일 자신에 의해 코일양단에 유도기전력이 발생되는 현상을 자기유도(self induction)라고 한다.

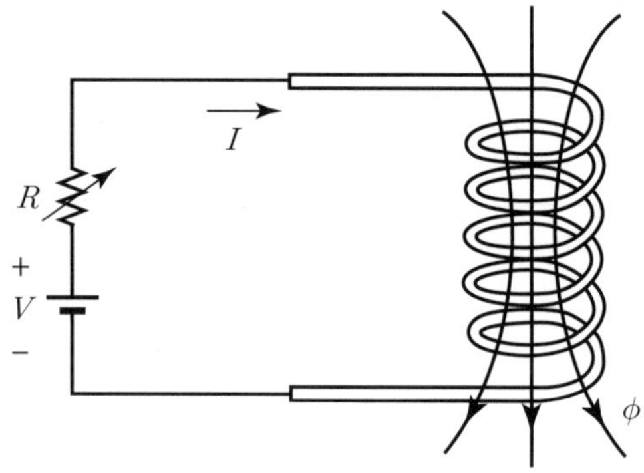

그림 8.1 자기유도 현상

- R 감소 → I 증가 → +e[V]
- R 증가 → I 감소 → −e[V]

$$N\phi = LI \tag{8.1}$$

$$e = N\frac{d\phi}{dt} = L\frac{di}{dt} \tag{8.2}$$

위의 수식에서 L을 자기인덕턴스(self inductance)라고 하며, 단위는 H(헨리)를 사용한다.

2) 자계내에 축적되는 에너지

자기유도현상에 의해 발생되는 유도전류에 의하여 자기인덕턴스 L에 축적되는 에너지는 다음과 같은 수식으로 표현된다.

$$W = \frac{1}{2}LI^2\,[J] \tag{8.3}$$

3) 상호유도

다음 그림과 같이 한쪽 코일의 자속의 변화에 의하여 다른쪽 코일에 유도기전력이 발생되는 현상을 상호유도(mutual induction)라고 한다.

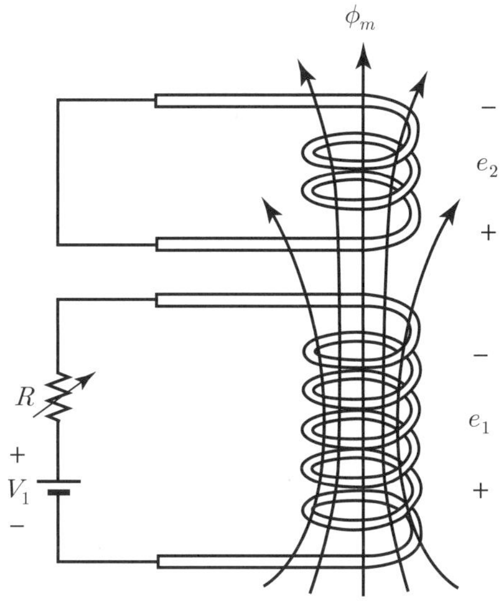

□ **그림 8.2** 상호유도 현상

$$e_2 = N_2 \frac{d\phi_m}{dt} [V] \tag{8.4}$$

$$N_2 \phi_m = M I_1 \tag{8.5}$$

$$e_2 = N_2 \frac{d\phi_m}{dt} = M \frac{di_1}{dt} [V] \tag{8.6}$$

위의 수식에서 M을 상호인덕턴스(mutual inductance)라고 하며, 단위는 자기인덕턴스와 같이 H(헨리)를 사용한다.

4) 변압기의 원리

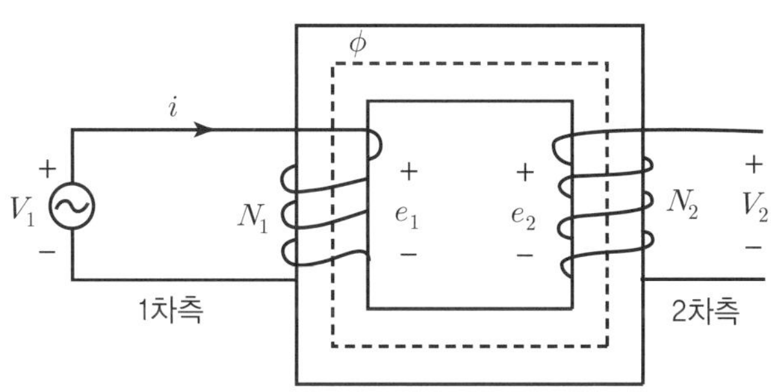

□ **그림 8.3** 변압기의 원리

그림과 같이 자기회로를 구성하고 1차측 권선의 수를 N_1, 2차측 권선수를 N_2라고 할 때 상호인덕턴스와 자기인덕턴스와 관계는 다음과 같이 표현된다.

$$M = L\frac{N_2}{N_1} \tag{8.6}$$

$$\begin{aligned} e_2 &= M\frac{di_1}{dt} \\ &= L\frac{N_2}{N_1}\frac{di_1}{dt} \\ &= e_1\frac{N_2}{N_1}[V] \end{aligned} \tag{8.7}$$

따라서, 상호유도현상에 의한 1차측 기전력 e_1과 2차측 기전력 e_2사이에는 다음과 같이 1, 2차측의 권선수의 비례식으로 표현된다. 이와 같이 권선수에 의해 1차측 전압을 2차측 전압으로 변환하는 장치를 변압기(Transformer)하고 한다.

$$\frac{e_2}{e_1} = \frac{N_2}{N_1} \tag{8.8}$$

3 실험준비물

1) 교류전원공급장치
2) 변압기 재료
3) 교류전압계 또는 멀티미터
4) 오실로스코프

4 실험방법

1) 상호유도현상(변압기)

❶ 그림과 같이 변압기를 제작하기 위한 준비를 한다.

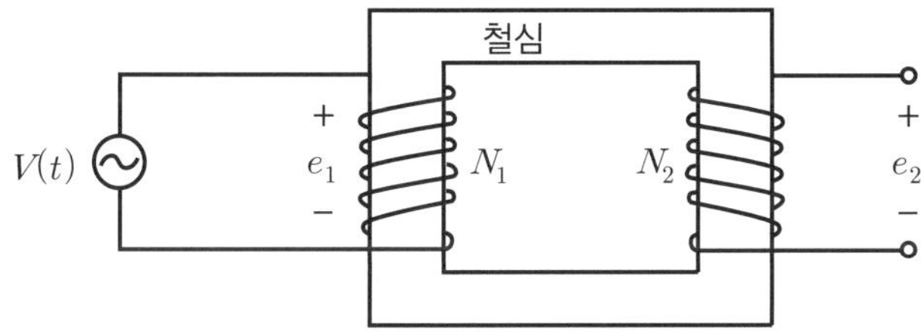

□ 그림 8.4 변압기의 구성

❷ 1차측에 N_1회 권선을 감는다.

❸ 2차측에 N_2회 권선을 감는다.

❹ e_1전압을 변화시키면서 전압을 측정한다.

5 실험결과

[실험자]

________과 ___학년 ___반 성명: __________

[실험일자]

________년 ____월 ____일

[실험조]

____조

[실험결과]

1) 변압기

① 변압기의 제작결과를 기록하시오.

1차측 권선수(N_1)	2차측 권선수(N_2)	비 고

② 1차측 전압을 변화시키면서 2차측 전압변화를 측정하시오.

No.	e_1	e_2	비 고
1			
2			
3			
4			
5			

③ 1차측 전압과 2차측 전압간의 관계를 x-y 그래프로 표현하시오.

[고찰 및 확인]

① 2차측 전압은 1차측 전압과 비례관계에 있는가?
비례상수는?

② 승압기와 감압기의 사용 사례는 어떤 것이 있는가?

[실험중 특이사항 또는 질의사항]

실전대비

1 변압기의 1차측 권선수 N_1=100회, 2차측 권선수 N_2=500회이고 1차측에 10[A]의 전류를 인가한다면 2차측에 흐르는 전류는 얼마[A]인가?

2 권선비가 1:5인 승압기의 1차측의 전압과 전류가 각각 100[V], 4[A]일 때 2차측 전압과 전류는 얼마인가?

3 변압기의 작동원리는 무엇인가?

① 플레밍의 오른손 법칙
② 플레밍의 왼손 법칙
③ 자기유도
④ 상호유도
⑤ 쿨롱의 법칙

4 다음 장비중 전자유도 현상과 가장 관련이 깊은 것은?

① 발전기 ② 전동기
③ 전열기 ④ 변압기
⑤ 전자석

5 자계중에 놓인 도체에 자성이 발생하였다. 이와 가장 관련이 깊은 것은?

① 전자유도 ② 자기유도
③ 상호유도 ④ 히스테리시스
⑤ 전계밀도

오늘의
학습내용

요 · 점 · 정 · 리

Ⅳ

교류회로

실험 09

교류신호 측정

학습목표

1 정현파와 교류
2 교류의 주기와 주파수
3 교류의 크기

1 실험목적

① 정현파와 교류신호의 특성을 이해한다.
② 교류신호의 주기와 주파수를 측정하고 물리적의미를 이해한다.
③ 교류신호의 크기에 대한 정의를 알고 측정방법을 익힌다.

2 배경이론

1) 교류의 정의

- 직류(DC : direct current)
- 교류(AC : alternating current)

2) 정현파의 주파수

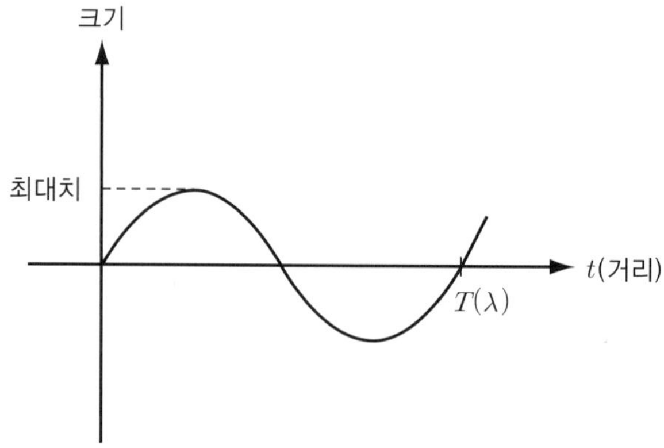

□ **그림 9.1** 정현파 파형

- 주기(T : period)
- 주파수(f : frequency)

$$f = \frac{1}{T}\ [\mathrm{Hz}] \tag{9.1}$$

- 파장(λ), 속도(v), 주파수(f), 주기(T)의 관계

$$v = \frac{\lambda}{T} = \lambda f\ [\mathrm{m/s}] \tag{9.2}$$

$$\lambda = \frac{v}{f}\ [\mathrm{m}] \tag{9.3}$$

3) 회전 각속도(ω : angular velocity)

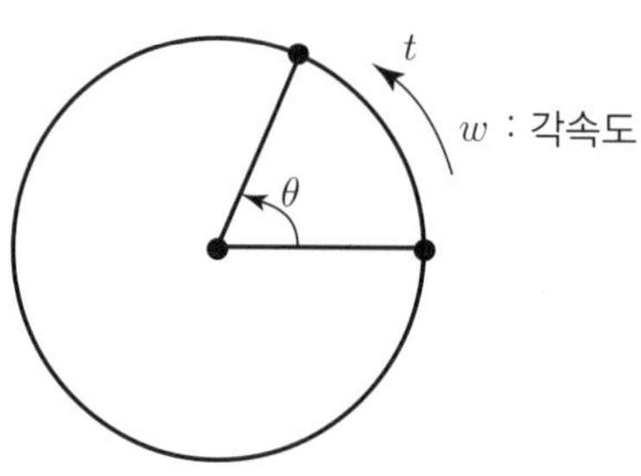

□ **그림 9.2** 회전운동

$$\text{각속도}(\omega) = \frac{\text{1주기 동안의 회전각}}{\text{1주기}} = \frac{2\pi}{T} = 2\pi f \ [\text{rad/s}] \tag{9.4}$$

$$\theta = \omega t = 2\pi f t \ [\text{rad}] \tag{9.5}$$

4) 교류의 크기

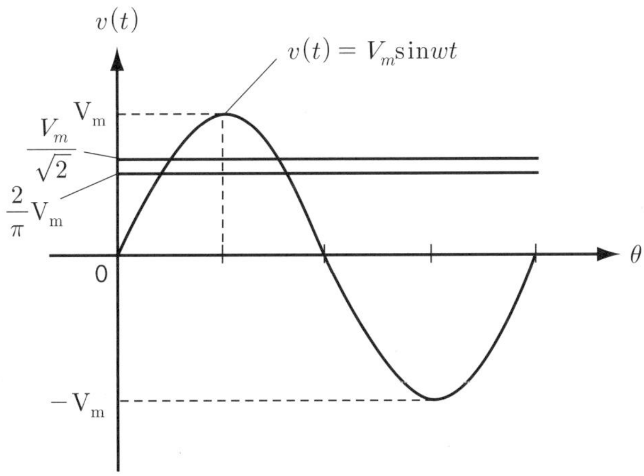

그림 9.3 교류의 크기

- 순시값(instantaneous value)

$$v(t) = \mathrm{V_m}\sin\theta = \mathrm{V_m}\sin\omega t = \mathrm{V_m}\sin 2\pi f t \ [\mathrm{V}] \tag{9.6}$$

- 최대값(maximum value) : $\mathrm{V_m}$
- 실효값(RMS)

$$\mathrm{V} = \frac{\mathrm{V_m}}{\sqrt{2}} \fallingdotseq 0.707\mathrm{V_m} \ [\mathrm{V}] \tag{9.7}$$

- 평균값(mean value)

$$\mathrm{V_a} = \frac{2}{\pi}\mathrm{V_m} \fallingdotseq 0.637\mathrm{V_m} \ [\mathrm{V}] \tag{9.8}$$

> **쉬운설명**
>
> **실효값**
>
> 우리의 가정용 전자장비에 표시된 전압 110V, 220V는 모두 실효값!
>
> 멀티미터와 같은 계측기에서 표시하는 전압, 전류도 모두 실효값!

5) 파형율과 파고율

$$\text{파고율} = \frac{\text{최대값}}{\text{실효값}} = \frac{V_m}{\frac{1}{\sqrt{2}}V_m} = \sqrt{2} \fallingdotseq 1.414 \tag{9.9}$$

$$\text{파형율} = \frac{\text{실효값}}{\text{평균값}} = \frac{\frac{1}{\sqrt{2}}V_m}{\frac{2}{\pi}V_m} = \frac{\pi}{2\sqrt{2}} \fallingdotseq 1.11 \tag{9.10}$$

3 실험준비물

1) 전원공급장치
2) 함수발생기
3) 멀티미터
4) 오실로스코프

4 실험방법

1) 정현파 신호

❶ 함수발생기를 이용하여 정현파를 발생시킨다.

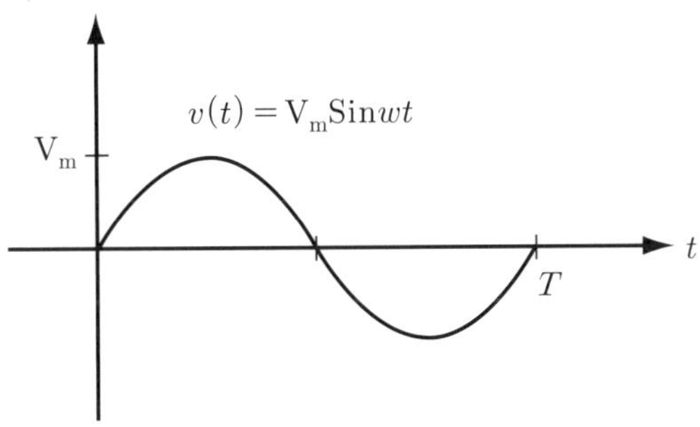

그림 9.4 정현파

❷ 오실로스코프로 정현파의 주기, 주파수, 파장을 측정한다.

❸ 함수발생기의 정현파 주기를 변화시키면서 반복하여 주파수를 측정한다.

2) 교류신호의 크기

❶ 함수발생기로 정현파를 발생시킨다.

❷ 오실로스코프로 교류파의 크기를 측정한다.

❸ 측정된 값으로부터 파형률과 파고율을 계산한다.

❹ 정현파의 크기를 변화시키면서 위의 과정을 반복한다.

5 실험결과

[실험자]

_________과 ____학년 ____반 성명: ___________

[실험일자]

_________년 _____월 _____일

[실험조]

_____조

[실험결과]

1) 정현파 신호

① 오실로스코프에서 측정된 정현파 신호를 그리시오.

② 측정된 값을 기록하시오.

No	주기	주파수	파장
1			
2			
3			

[고찰 및 확인]

① 주파수의 변화와 파장의 관계를 설명하시오.

2) 교류신호의 크기

① 오실로스코프에서 측정된 교류 신호를 그리시오.

② 측정된 값을 기록하시오.

No	최대값	실효값	평균값	파고율	파형률
1					
2					
3					

[고찰 및 확인]

① 멀티미터를 이용하여 교류신호의 크기를 측정하고 값을 비교하시오.

② 교류신호의 크기로부터 파고율과 파형률을 계산한 결과 물리적의미를 파악하시오.

[실험중 특이사항 또는 질의사항]

실전대비

1 $v(t) = 100\sqrt{2}\sin\left(314t + \frac{\pi}{6}\right)$의 주파수(Hz)는?

① 50　　② 60
③ 100　　④ 120
⑤ 180

2 실효치 전압이 220[V]인 교류전압의 최대치 전압[V]는?

① 110　　② 220
③ $220\sqrt{2}$　　④ $\frac{220}{\pi}$
⑤ $\frac{2}{\pi} \cdot 220$

3 교류전압 $v(t) = 100\sqrt{2}\sin\omega t(v)$의 파형률과 파고율은?

① $100,\ 100\sqrt{2}$　　② $\frac{2}{\pi},\ \sqrt{2}\pi$
③ $\frac{\pi}{2\sqrt{2}},\ \sqrt{2}$　　④ $\sqrt{2},\ \frac{2\sqrt{2}}{\pi}$
⑤ $2\pi,\ \sqrt{2}$

4 **교류전압** $v(t) = 100\sqrt{2}\sin\left(\omega t + \frac{\pi}{3}\right)$ **실효치[V]와 평균치 [V]는?**

① 100, $100\sqrt{2}$

② $\frac{100}{\sqrt{2}}$, $\frac{2}{\pi}\sqrt{2}$

③ $\frac{\pi}{100\sqrt{2}}$, 100

④ 100, $\frac{200}{\pi}\sqrt{2}$

⑤ $50\sqrt{2}$, $\frac{100\sqrt{2}}{\pi}$

5 **정현파 교류전압** $v(t) = 220\sqrt{2}\sin 377t(v)$**에서 옳은 것은?**

① 최고치 전압은 220[V]이다.

② 실효치 전압은 $110\sqrt{2}$[V]이다.

③ 파고율 1.11이다.

④ 파형율은 1.414이다.

⑤ 주파수는 60Hz이다.

6 **교류 전류계로 측정했을 때 지시값은?**

① 최대치

② 실효치

③ 평균치

④ 순시치

⑤ 최소치

실험 10

위상과 역률

학습목표

1 교류신호의 위상
2 R, L, C에서 전압과 전류의 위상관계
3 역률의 개념

1 실험목적

① 교류신호의 위상에 대한 개념을 이해한다.
② R, L, C에서 전압과 전류신호의 위상관계를 파악한다.
③ 역률의 개념을 이해한다.

2 배경이론

1) 교류신호의 위상

- 진상(lead phase) : v_1과 v_2는 v_3 보다 θ만큼 앞선다.
- 지상(lag phase) : v_3는 v_1과 v_2 보다 θ만큼 뒤쳐진다.
- 동상(inphase) : $v_1(t)$와 $v_2(t)$는 위상과 같다.

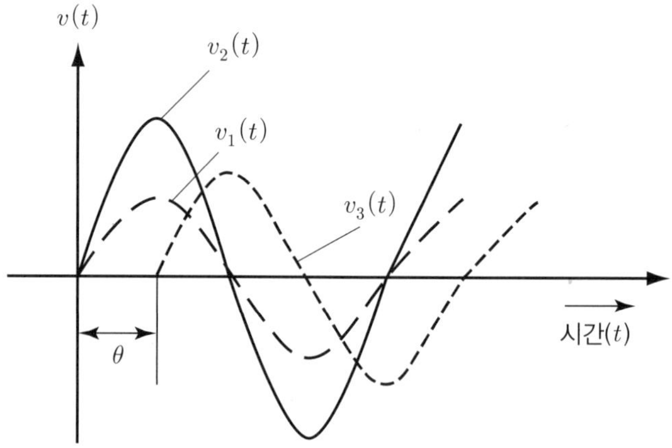

□ **그림 10.1** 교류 신호

$$v_1(t) = \mathrm{V_{m1}} \sin \omega t \ [\mathrm{V}] \tag{10.1}$$

$$v_2(t) = \mathrm{V_{m2}} \sin \omega t \ [\mathrm{V}] \tag{10.2}$$

$$v_3(t) = \mathrm{V_{m3}} \sin (\omega t - \theta) \ [\mathrm{V}] \tag{10.3}$$

2) 교류신호의 벡터표시

- 스칼라 양(scalar quantity) : 크기만 갖는다.
- 벡터 양(vector quantity) : 크기와 방향을 갖는다.

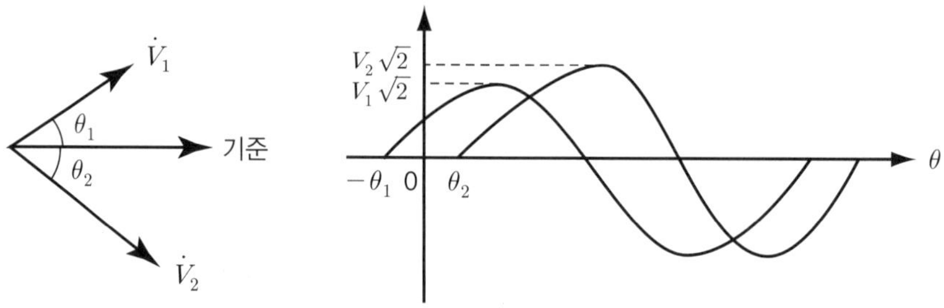

□ **그림 10.2** 교류신호의 벡터표시

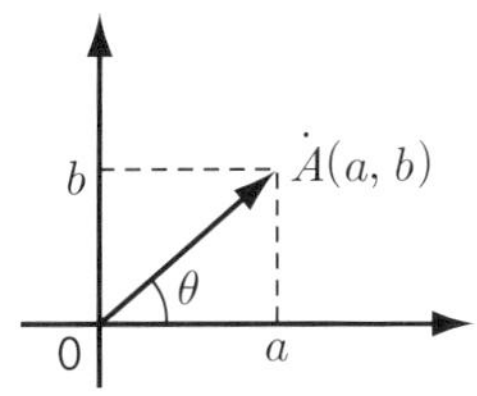

$$\dot{A} = A\angle\theta \tag{10.4}$$

$$A = \sqrt{a^2 + b^2} \tag{10.5}$$

$$\theta = \tan^{-1}\frac{b}{a} \tag{10.6}$$

3) R 회로(저항회로)

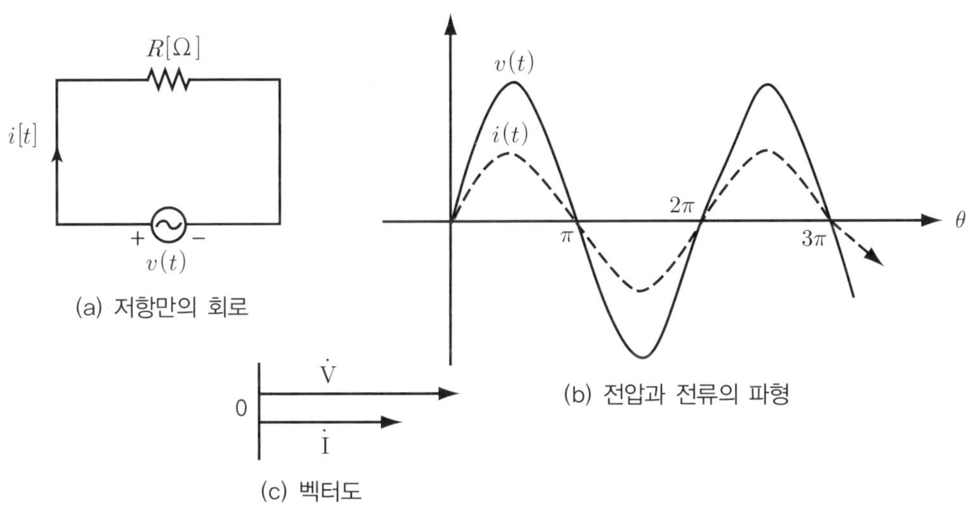

□ **그림 10.3** 저항 회로

$$v(t) = \mathrm{V_m}\sin\omega t \qquad \dot{\mathrm{V}} = \mathrm{V}\angle 0 \tag{10.7}$$

$$i(t) = \frac{v(t)}{\mathrm{R}} = \frac{\mathrm{V_m}}{\mathrm{R}}\sin\omega t \qquad \dot{\mathrm{I}} = \frac{\mathrm{V}}{\mathrm{R}}\angle 0 \tag{10.8}$$

$$\mathrm{I_m} = \frac{\mathrm{V_m}}{\mathrm{R}}\ [\mathrm{A}] \tag{10.9}$$

$$I = \frac{V}{R}\ [A] \tag{10.10}$$

쉬운설명

저항과 주파수

저항은 주파수의 변화와 상관이 없다.

4) L 회로(코일회로, 유도회로)

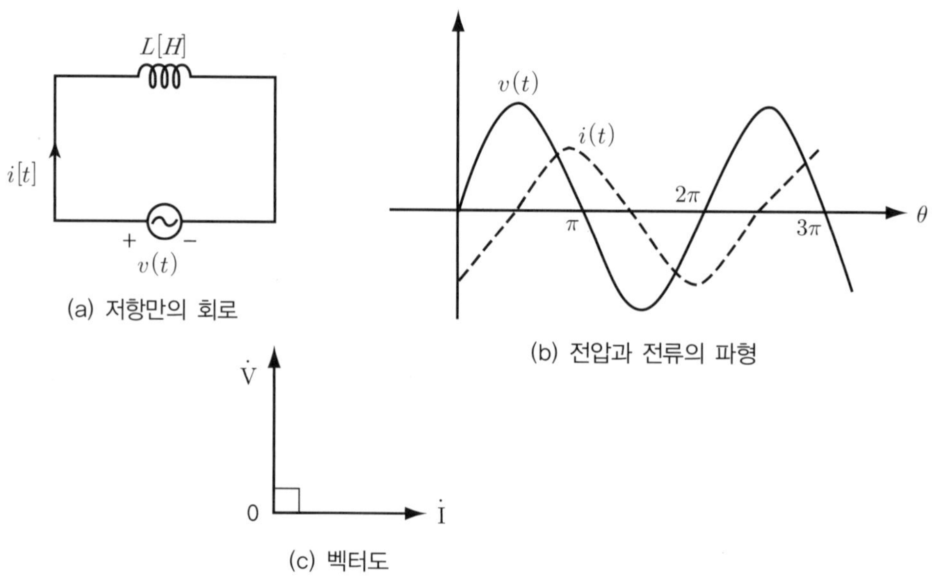

(a) 저항만의 회로

(b) 전압과 전류의 파형

(c) 벡터도

그림 10.4 L만 있는 회로

$$i(t) = \sqrt{2}\, I \sin\omega t \tag{10.11}$$

$$\begin{aligned} v(t) &= L\frac{di(t)}{dt} \\ &= L\frac{d(\sqrt{2}\, I\sin\omega t)}{dt} \end{aligned} \qquad \begin{aligned} \dot{I} &= I\angle 0 \\ \dot{V} &= \omega L I\angle 90 \end{aligned} \tag{10.12}$$

$$= \sqrt{2}\,\omega L I \cos\omega t \qquad X_L = \omega L = 2\pi f L\ [\Omega] \tag{10.13}$$

$$= \sqrt{2}\,\omega LI\sin\left(\omega t + \frac{\pi}{2}\right) \qquad I = \frac{V}{X_L} \tag{10.14}$$

• 유도 리액턴스(inductive reactance)

$$X_L = \omega L = 2\pi f L\ [\Omega] \tag{10.15}$$

쉬운설명

유도리액턴스와 주파수

유도리액턴스(X_L)는 주파수에 비례

전류($= V/X_L$)는 주파수에 반비례

5) C 회로(용량회로)

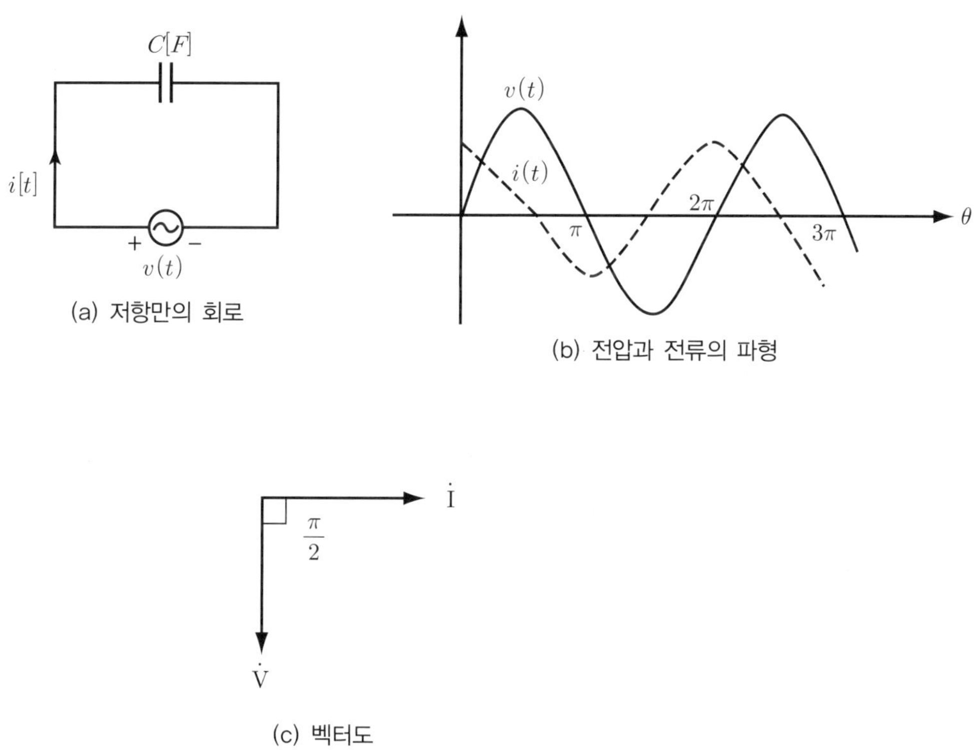

□ 그림 10.5 C만 있는 회로

$$v(t) = \sqrt{2} \cdot V \cdot \sin\omega t \tag{10.16}$$

$$v(t) = \frac{1}{C}\int i(t)dt \qquad \dot{V} = V\angle 0 \tag{10.17}$$

$$i(t) = C\frac{dv(t)}{dt} \qquad \dot{I} = \omega CV\angle 90 \tag{10.18}$$

$$= C \cdot \sqrt{2} \cdot V \cdot \omega \cdot \cos\omega t \qquad X_C = \frac{1}{\omega C} = \frac{1}{2\pi f C}\ [\Omega] \tag{10.19}$$

$$= C \cdot \sqrt{2} \cdot V \cdot \omega \cdot \sin\left(\omega t + \frac{\pi}{2}\right) \qquad I = \frac{V}{X_C} \tag{10.20}$$

- 용량성 리액턴스(capacitance reactance)

$$X_C = \frac{1}{\omega C} = \frac{1}{2\pi f C}\ [\Omega] \tag{10.21}$$

> **쉬운설명**
>
> **용량성 리액턴스와 주파수**
>
> 용량성 리액턴스(X_C)는 주파수에 반비례
>
> 전류($= V/X_C$)는 주파수에 비례

6) 역률

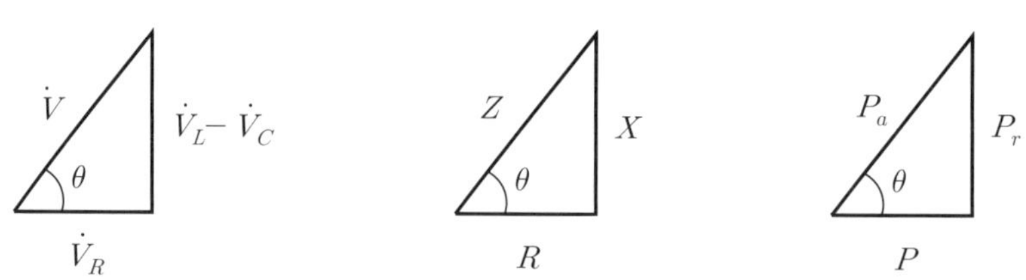

$$\cos\theta = \frac{V_R}{V} \qquad \cos\theta = \frac{R}{Z} \qquad \cos\theta = \frac{P}{P_a}$$

3 실험준비물

1) 전원공급장치
2) 함수발생기
3) 멀티미터
4) 오실로스코프

4 실험방법

1) R 회로

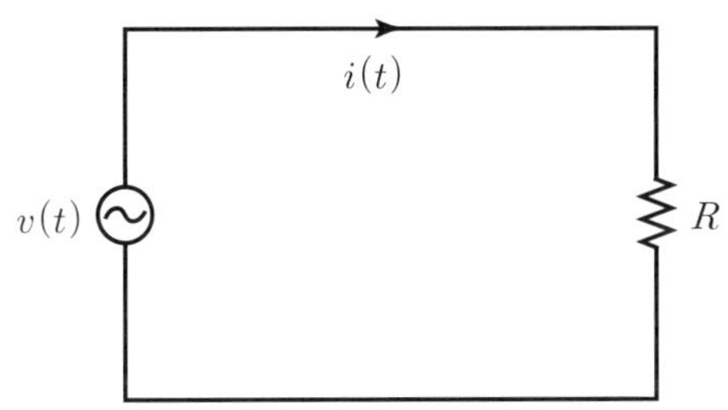

그림 10.6 R 회로

❶ 위와 같이 R만 있는 교류회로를 구성한다.

❷ 오실로스코프로 R양단의 전압과 전류를 2채널로 측정한다.

❸ 저항양단의 전압, 전류값을 멀티미터로 측정한다.

2) L 회로

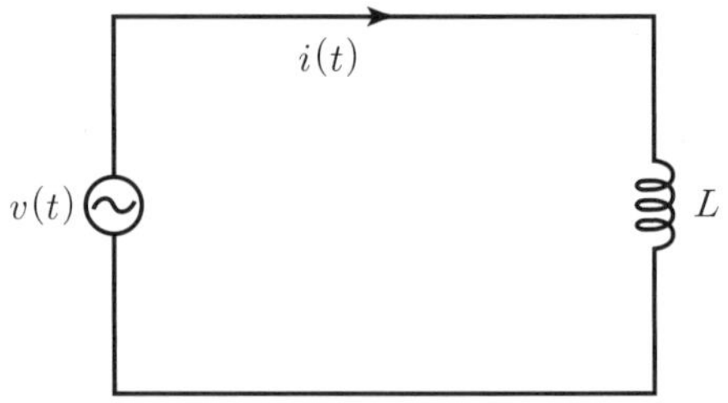

그림 10.7 L 회로

❶ 위와 같이 L만 있는 교류회로를 구성한다.

❷ 오실로스코프로 L양단의 전압과 전류를 2채널로 측정한다.

❸ L양단의 전압, 전류값을 멀티미터로 측정한다.

3) C 회로

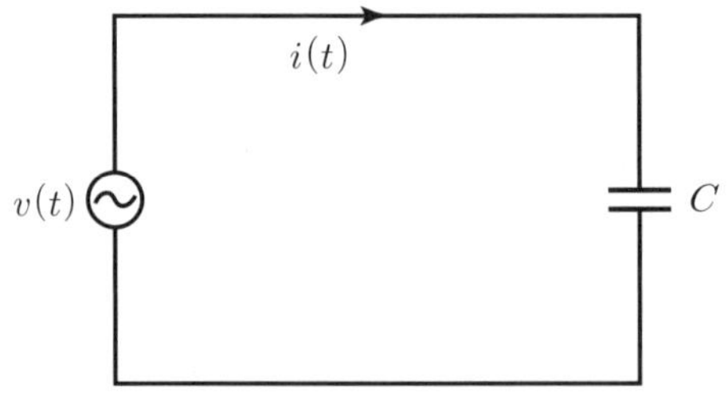

그림 10.8 C 회로

❶ 위와 같이 C만 있는 교류회로를 구성한다.

❷ 오실로스코프로 C양단의 전압과 전류를 2채널로 측정한다.

❸ C양단의 전압, 전류값을 멀티미터로 측정한다.

5 실험결과

[실험자]

________과 ____학년 ____반 성명: __________

[실험일자]

________년 _____월 _____일

[실험조]

_____조

[실험결과]

1) R 회로

① 오실로스코프에서 측정된 R양단의 전압과 전류파형을 그리시오.

② 멀티미터로 측정된 값을 기록하시오.

	저항	전압	전류
측정값			

[고찰 및 확인]

① 전압과 전류의 위상관계를 설명하시오.

2) L 회로

① 오실로스코프에서 측정된 L양단의 전압과 전류파형을 그리시오.

② 멀티미터로 측정된 값을 기록하시오.

	저항	전압	전류
측정값			

[고찰 및 확인]

① 전압과 전류의 위상관계를 설명하시오.

3) C 회로

① 오실로스코프에서 측정된 C양단의 전압과 전류파형을 그리시오.

② 멀티미터로 측정된 값을 기록하시오.

	저항	전압	전류
측정값			

[고찰 및 확인]

① 전압과 전류의 위상관계를 설명하시오.

[실험중 특이사항 또는 질의사항]

실전대비

1 어느 교류회로에 가해진 전압은 $v(t)=100\sqrt{2}\sin\omega t$이고, 흐르는 전류는 $i(t)=10\sin\left(\omega t-\frac{\pi}{3}\right)$이다. 옳은 것은?

① 전압이 전류보다 $\frac{\pi}{3}$ 앞서 있다.

② 전압의 파고치는 100[V]이다.

③ 전압, 전류 모두 파형률은 1.141이다.

④ 전류가 전압보다 진상이다.

⑤ $t=0$에서 전압의 순시치는 100[V]이다.

2 다음 중 용량 리액턴스(X_C)의 주파수 특성곡선이 올바른 것은?

①

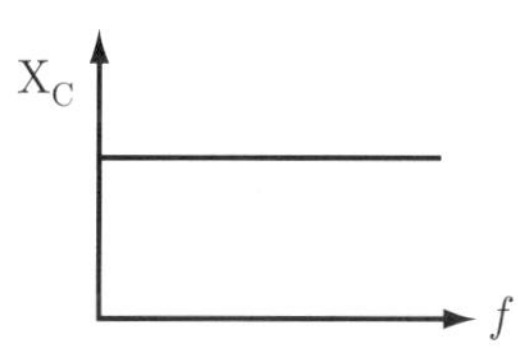

②

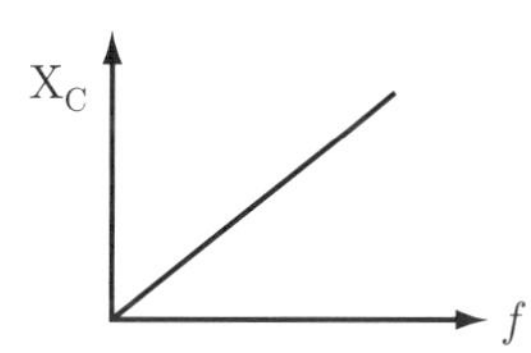

③

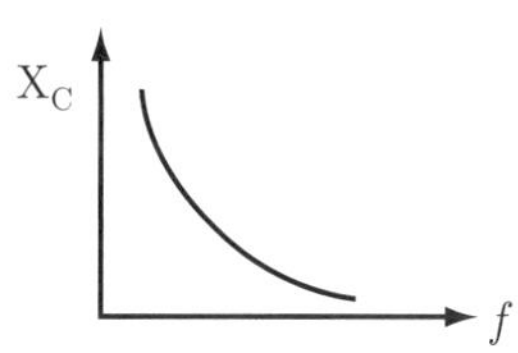

④

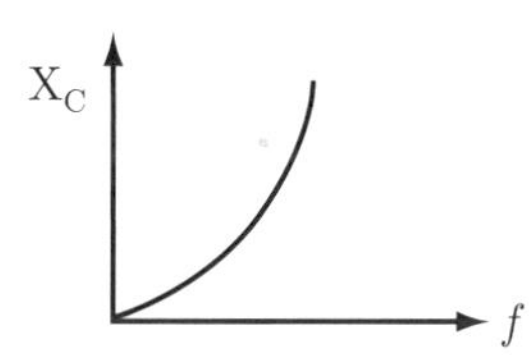

⑤

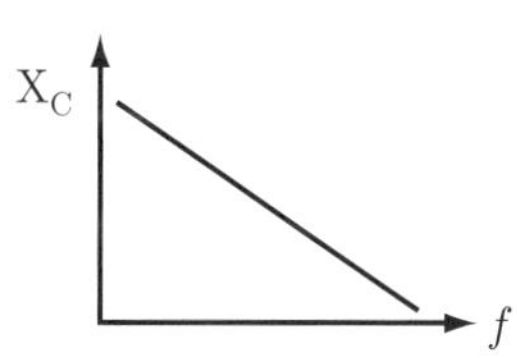

3 전압의 전류보다 위상이 $\left(\frac{\pi}{2}\right)$ 앞서는 회로는?

① 저항회로 ② 코일회로
③ 콘덴서 회로 ④ 임피던스 회로
⑤ 공진회로

4 $i(t) = I_m \sin\omega t$의 전류가 흐를 때 $v(t) = V_m \sin\left(\omega t + \frac{\pi}{2}\right)$가 되는 회로는?

① R회로 ② L회로
③ C회로 ④ R−L회로
⑤ 공진회로

5 교류회로에 인가되는 전압의 주파수가 커지면 전류가 커지는 회로는?

① R회로 ② 공진회로
③ L회로 ④ G회로
⑤ C회로

6 $v(t) = V\sqrt{2}\sin\left(\omega t - \frac{\pi}{3}\right)$, $i(t) = I\sqrt{2}\cos\left(\omega t - \frac{\pi}{6}\right)$의 위상차는?

① i가 $\frac{\pi}{3}$만큼 진상 ② i가 $\frac{2}{3}\pi$만큼 진상
③ i가 $\frac{\pi}{6}$만큼 진상 ④ v가 $\frac{\pi}{6}$만큼 진상
⑤ 동상

7 인덕턴스 100[mH]의 coil에 주파수 50[Hz]를 가하면 유도 리엑턴스[Ω]는?

① 31.4 ② 314
③ 628 ④ 500
⑤ 1256

8 $R = 3[\Omega]$, $X_L = 6[\Omega]$, $X_C = 2[\Omega]$인 직렬회로에서 역률($\cos\theta$)은?

① 0.2　　② 0.3

③ 0.5　　④ 0.6

⑤ 1.0

9 교류회로의 임피던스가 5Ω, 역률이 80%라면 이 회로의 리액턴스는 얼마[Ω]인가?

① 3　　② 4

③ 5　　④ 6

⑤ 8

오늘의
학습내용

요 · 점 · 정 · 리

실험 11

R–L–C 회로

학습목표

1. R–L 직렬회로에서 임피던스, 위상관계
2. R–C 직렬회로에서 임피던스, 위상관계
3. R–L–C 직렬회로에서 전압, 전류, 임피던스, 위상관계

1 실험목적

① 교류회로에서 임피던스의 의미를 이해한다.

② R-L 회로에서 전압과 전류의 위상관계를 이해한다.

③ R-C 회로에서 전압과 전류의 위상관계를 이해한다.

④ R-L-C 회로의 특성을 이해한다.

2 배경이론

1) R–L 회로

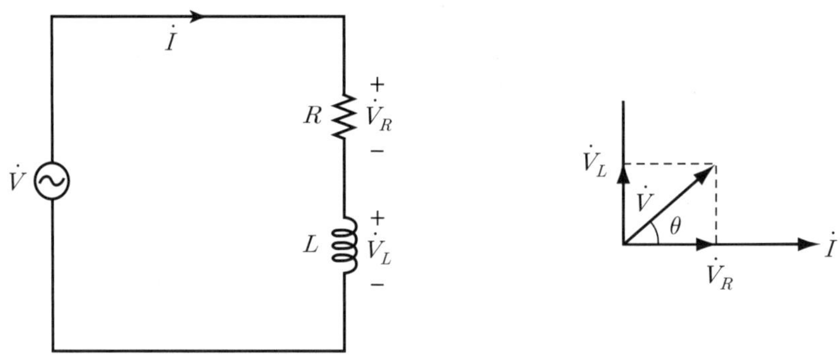

그림 11.1 R–L 회로

$$V_R = RI \tag{11.1}$$

$$V_L = X_L I \tag{11.2}$$

$$\dot{V} = \dot{V}_R + \dot{V}_L \tag{11.3}$$

$$Z = \sqrt{R^2 + X_L^2} \tag{11.4}$$

$$I = \frac{V}{Z} \tag{11.5}$$

- R－L 직렬회로 : 전압이 전류보다 위상이 앞선다. $\left(0 < \theta < \frac{\pi}{2}\right)$

2) R−C 회로

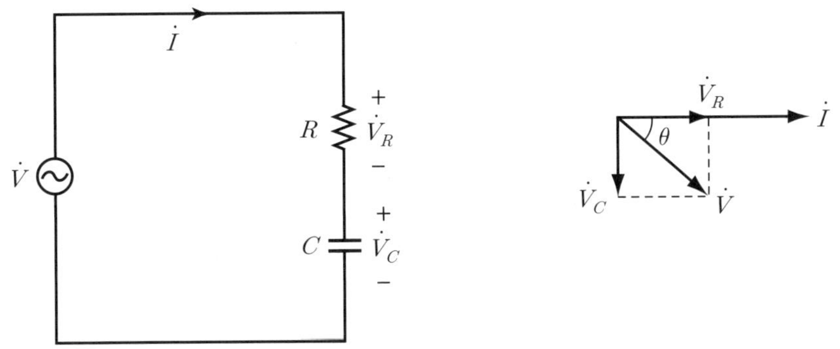

□ **그림 11.2** R−C 회로

$$V_R = RI \tag{11.6}$$

$$V_C = X_C I \tag{11.7}$$

$$\dot{V} = \dot{V}_R + \dot{V}_C \tag{11.8}$$

$$Z = \sqrt{R^2 + X_C^2} \tag{11.9}$$

$$I = \frac{V}{Z} \tag{11.10}$$

• R − C **직렬회로** : 전류가 전압보다 위상이 앞선다. $\left(-\frac{\pi}{2} < \theta < 0\right)$

3) R-L-C 직렬회로

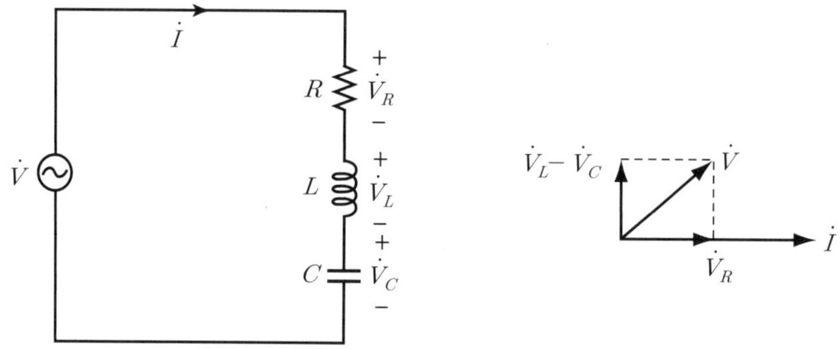

그림 11.3 R-L-C 직렬회로

$$V_R = RI,\ \ V_L = X_L I,\ \ V_C = X_C I \tag{11.11}$$

$$\dot{V} = \dot{V}_R + \dot{V}_L + \dot{V}_C \tag{11.12}$$

$$\begin{aligned} Z &= \sqrt{R^2 + X^2} \\ &= \sqrt{R^2 + (X_L - X_C)^2} \end{aligned} \tag{11.13}$$

$$I = \frac{V}{Z} \tag{11.14}$$

$$\theta = \tan^{-1}\frac{X}{R} \tag{11.15}$$

① $X_L > X_C (V_L > V_C)$이면 $\dot{V}$는 $\dot{I}$보다 θ만큼 앞선다. (유도성 회로)

② $X_L < X_C (V_L < V_C)$이면 $\dot{I}$는 $\dot{V}$보다 θ만큼 앞선다. (용량성 회로)

③ $X_L = X_C (V_L = V_C)$이면 $\dot{V}$과 $\dot{I}$는 동상이다. (직렬공진 회로)

4) R-L-C 병렬회로

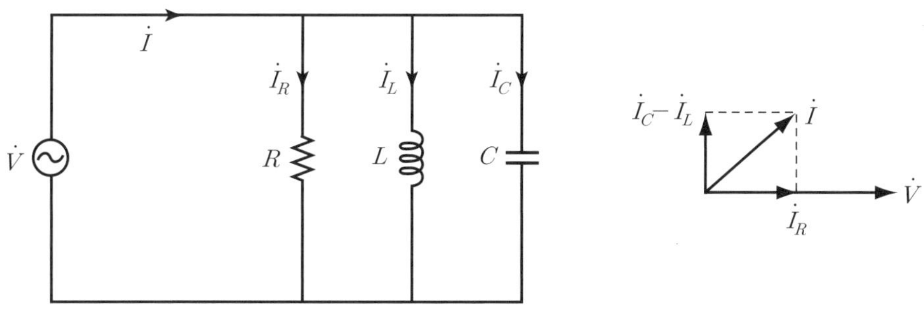

그림 11.4 R-L-C 병렬회로

$\dot{I}_R = \dfrac{\dot{V}}{R}$ [A], $\dot{I}_R$와 $\dot{V}$ 는 동상

$\dot{I}_L = \dfrac{\dot{V}}{X_L}$ [A], $\dot{I}_L$은 $\dot{V}$ 보다 위상이 $\dfrac{\pi}{2}$ [rad]만큼 뒤진다.

$\dot{I}_C = \dfrac{\dot{V}}{X_C}$ [A], $\dot{I}_L$는 $\dot{V}$ 보다 위상이 $\dfrac{\pi}{2}$ [rad]만큼 앞선다.

$$\dot{I} = \dot{I}_R + \dot{I}_L + \dot{I}_C$$

$$I = \sqrt{I_R^2 + (I_L - I_C)^2} = \sqrt{\left(\frac{V}{R}\right)^2 + \left(\frac{V}{X_L} - \frac{V}{X_C}\right)^2}$$

$$= V\sqrt{\left(\frac{1}{R}\right)^2 + \left(\frac{1}{X_L} - \frac{1}{X_C}\right)^2}$$

$$Z = \frac{1}{\sqrt{\left(\frac{1}{R}\right)^2 + \left(\frac{1}{X_L} - \frac{1}{X_C}\right)^2}} = \frac{1}{\sqrt{\left(\frac{1}{R}\right)^2 + \left(\frac{1}{\omega L} - \omega C\right)^2}} \ [\Omega]$$

$$\theta = \tan^{-1}\frac{I_L - I_C}{I_R} = \tan^{-1}\frac{\frac{1}{X_L} - \frac{1}{X_C}}{\frac{1}{R}}$$

$$= \tan^{-1}\left(\frac{1}{X_L} - \frac{1}{X_C}\right)R = \tan^{-1}\left(\frac{1}{\omega L} - \omega C\right)R \ [\text{rad/s}]$$

① $X_L > X_C (I_L < I_C)$이면 $\dot{I}$ 는 $\dot{V}$ 보다 θ[rad]만큼 앞선다. (용량성 회로)

② $X_L < X_C (I_L > I_C)$이면 $\dot{V}$ 는 $\dot{I}$ 보다 θ[rad]만큼 앞선다. (유도성 회로)

③ $X_L = X_C (I_L = I_C)$이면 $\dot{V}$ 와 $\dot{I}$ 는 동상이다. (병렬공진 회로)

쉬운설명

공진회로

유도성 리액턴스와 용량성 리액턴스가 같은 값이 되는 주파수가 R-L-C회로에 인가되면, 리액턴스가 상쇄되어 마치 저항만 있는 회로처럼 보이며 임피던스가 최소가 되고 전류는 최대가 된다.

3 실험준비물

1) 전원공급장치
2) 함수발생기
3) 멀티미터
4) 오실로스코프

4 실험방법

1) R-L 회로

❶ 다음과 같이 R-L 회로를 구성한다.

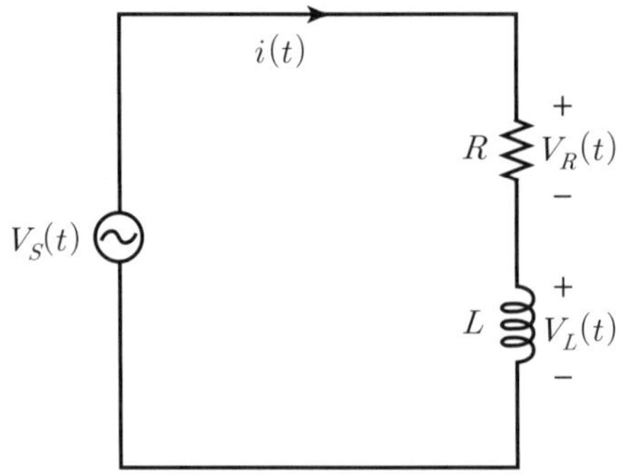

그림 11.5 R-L 직렬회로 실험

❷ 오실로스코프로 입력전압의 크기, 주파수를 측정한다.

❸ 전류와 임피던스를 측정(계산)한다.

❹ 멀티미터를 이용하여 각 부하단에 걸리는 전압을 측정한다.

❺ 오실로스코프로 각 부하단의 전압파형을 측정하고 위상관계를 확인한다.

2) R-C 회로

❶ 다음과 같이 R-C 회로를 구성한다.

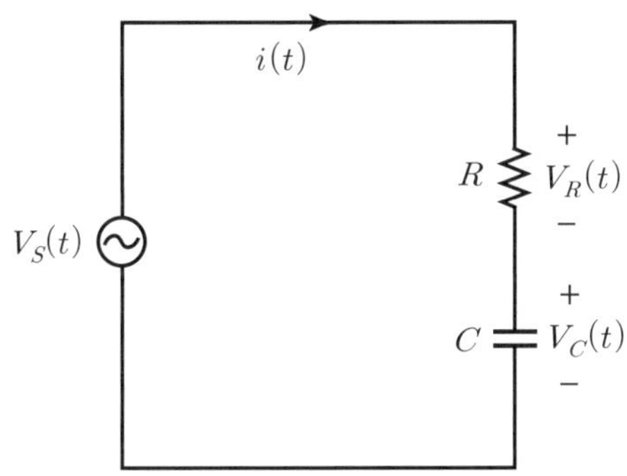

□ **그림 11.6** R-C 직렬회로 실험

❷ 오실로스코프로 입력전압의 크기, 주파수를 측정한다.

❸ 전류와 임피던스를 측정(계산)한다.

❹ 멀티미터를 이용하여 각 부하단에 걸리는 전압을 측정한다.

❺ 오실로스코프로 각 부하단의 전압파형을 측정하고 위상관계를 확인한다.

3) R-L-C 직렬회로

❶ 다음과 같이 R-L-C 회로를 구성한다.

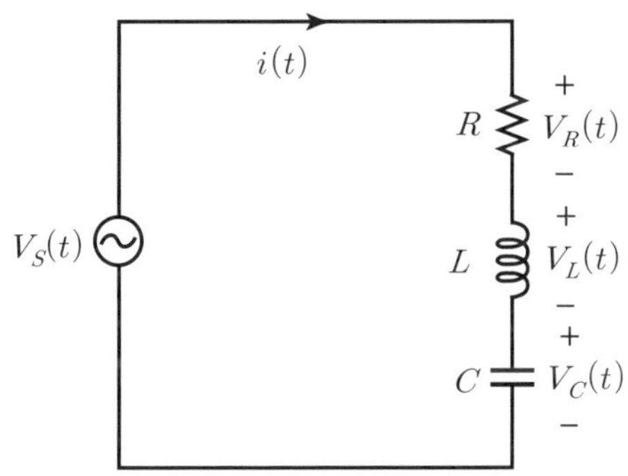

□ **그림 11.7** R-L-C 직렬회로 실험

❷ 오실로스코프로 입력전압의 크기, 주파수를 측정한다.

❸ 전류와 임피던스를 측정(계산)한다.

❹ 멀티미터를 이용하여 각 부하단에 걸리는 전압을 측정한다.

❺ 오실로스코프로 각 부하단의 전압파형을 측정하고 위상관계를 확인한다.

5 실험결과

[실험자]

________과 ____학년 ____반 성명: __________

[실험일자]

________년 _____월 _____일

[실험조]

_____조

[실험결과]

1) R-L 회로

① 오실로스코프에서 측정된 입력전원의 파형을 그리시오.

② 측정된 값을 기록하시오.

입력전압(V_s)		전류	V_R	V_L	R	L
크기	주파수					

③ 위의 측정값을 이용하여 임피던스의 위상도를 그리시오.

④ 역률을 계산하고 R-L회로에서 전압과 전류의 위상관계를 설명하시오.

[고찰 및 확인]

① L에서 전압과 전류의 위상차이가 갖는 물리적 의미는 무엇인가?

2) R-C 회로

① 오실로스코프에서 측정된 입력전원의 파형을 그리시오.

② 측정된 값을 기록하시오.

입력전압(V_s)		전류	V_R	V_C	R	C
크기	주파수					

③ 위의 측정값을 이용하여 임피던스의 위상도를 그리시오.

④ 역률을 계산하고 R-C회로에서 전압과 전류의 위상관계를 설명하시오.

[고찰 및 확인]

① C에서 전압과 전류의 위상차이가 갖는 물리적 의미는 무엇인가?

3) R-L-C 회로

① 오실로스코프에서 측정된 입력전원의 파형을 그리시오.

② 측정된 값을 기록하시오.

입력전압		전류	V_R	V_L	V_C	R	L	C
크기	주파수							

③ 위의 측정값을 이용하여 임피던스의 위상도를 그리시오.

④ 역률을 계산하고 R-L-C회로에서 전압과 전류의 위상관계를 설명하시오.

[고찰 및 확인]

① R-L-C 직렬회로에서 공진의 조건은 무엇인가?

② 공진의 물리적 의미는 무엇인가?

[실험중 특이사항 또는 질의사항]

실전대비

1 $i(t)=I_m\sin\omega(t)[A]$의 전류가 흐를 때 전압 $v(t)=V_m\cos\omega(t)[V]$가 되는 회로는 무엇인가?

2 $v=100\sqrt{2}\sin\left(\omega t+\frac{\pi}{6}\right)[V]$의 전압을 가했더니 $i=20\sqrt{2}\sin\left(\omega t-\frac{\pi}{6}\right)[A]$의 전류가 흘렀다면 이 회로의 임피던스는 얼마인가?

3 단상교류회로에서 전류가 전압보다 90° 앞선 위상인 회로는?

① R회로
② L회로
③ C회로
④ R－C회로
⑤ 공진회로

4 R-L 직렬회로에서 $V_R=V_L$일 때 위상차는?

① 전압과 전류 동상
② 전압 45° 지상
③ 전압 90° 지상
④ 전압 45° 진상
⑤ 전압 90° 진상

5 전류가 전압보다 $\frac{\pi}{3}$ 지상인 회로는?

① R회로
② L회로
③ C회로
④ $X_L > X_C$회로
⑤ 공진회로

6 **R-L-C 직렬회로에서 $\mathrm{R}=3[\Omega]$, $\mathrm{X_L}=8[\Omega]$, $\mathrm{X_C}=4[\Omega]$인 경우 설명 중 옳은 것은?**

① 전압이 $\frac{\pi}{2}$ 지상

② 전류가 $\frac{\pi}{2}$ 진상

③ 전압과 전류는 동상

④ 인피던스는 $10[\Omega]$이다.

⑤ 전압이 전류보다 θ만큼 앞선다.

실험 12

전력측정

학습목표

1. 전력의 개념
2. 유효전력, 무효전력, 피상전력의 관계

1 실험목적

① 단상 교류회로에서 전력을 측정하고 개념을 이해한다.

② 교류회로의 유효전력, 무효전력, 피상전력의 관계를 이해한다.

2 배경이론

1) 단상 교류전력

교류회로에서 전력은 인가되는 전압에 의해 흐르는 전류가 하는 일률이다. 예를 들어, RL 단상교류회로에서 전력은 다음과 같다.

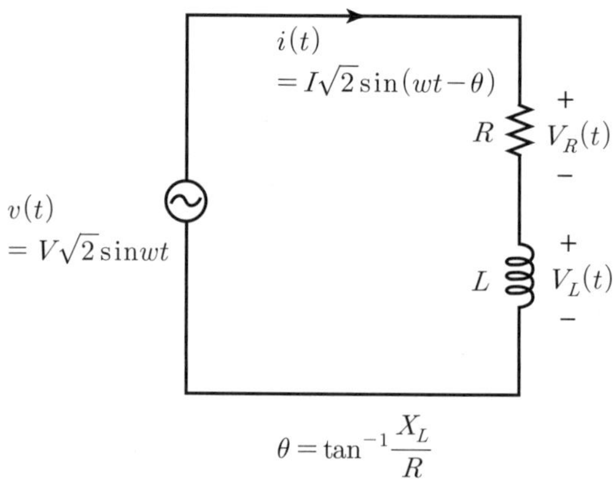

그림 12.1 R-L 단상교류 회로

$$
\begin{aligned}
P(t) &= v(t) \cdot i(t) \\
&= \sqrt{2} \cdot V \cdot \sin\omega t \cdot \sin(\omega t - \theta) \\
&= 2 \cdot V \cdot \sin\omega t \cdot \sin(\omega t - \theta) \\
&\Rightarrow \sin A \cdot \sin B = \frac{1}{2}\{\cos(A-B) - \cos(A+B)\} \\
&= VI\cos\theta - VI\cos(2\omega t - \theta)
\end{aligned} \tag{12.1}
$$

식 (12.1)로부터 교류의 전력은 아래와 같이 유효전력(P), 무효전력(P_r), 피상전력(P_a)으로 구분된다. (단위를 잘 보면 위상관계를 이해하기 쉽다)

$$P = VI\cos\theta \ [\mathrm{W}] \tag{12.2}$$

$$P_r = VI\sin\theta \ [\mathrm{VAR}] \tag{12.3}$$

$$
\begin{aligned}
P_a &= \sqrt{P^2 + P_r^2} \\
&= \sqrt{(VIcos\theta)^2 + (VIsin\theta)^2} \\
&= VI\sqrt{\cos^2\theta + \sin^2\theta} \\
&= VI
\end{aligned} \tag{12.4}
$$

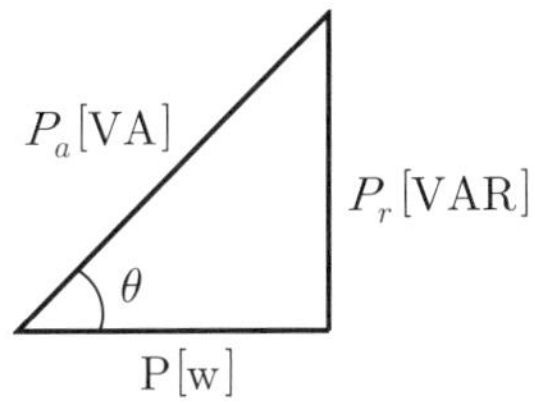

그림 12.2 교류 전력의 벡터도

여기서, 역률(power factor)은 다음과 같다.

$$\cos\theta = \frac{P}{P_a} = \frac{P}{VI} = \frac{R}{Z} \tag{12.5}$$

> **쉬운설명**
>
> **직류전력과 교류전력의 차이**
>
> 교류에서 일반적으로(특별한 언급없이) 전력이라고 하면 유효전력을 말하며, 전압과 전류의 곱에 역률이 더 곱해진다. 그러면, 직류에서는 왜 전력값이 하나 밖에 없는가? 그것은 직류에서는 임피던스가 곧 저항이므로 역률이 1이다. 즉, 직류회로에서는 리액턴스가 0이므로 $\cos\theta = 1 \Leftrightarrow \sin\theta = 0$이 되어 무효전력은 0, 피상전력은 유효전력과 같은 값이 되는 것이다.

2) 3상 교류전력

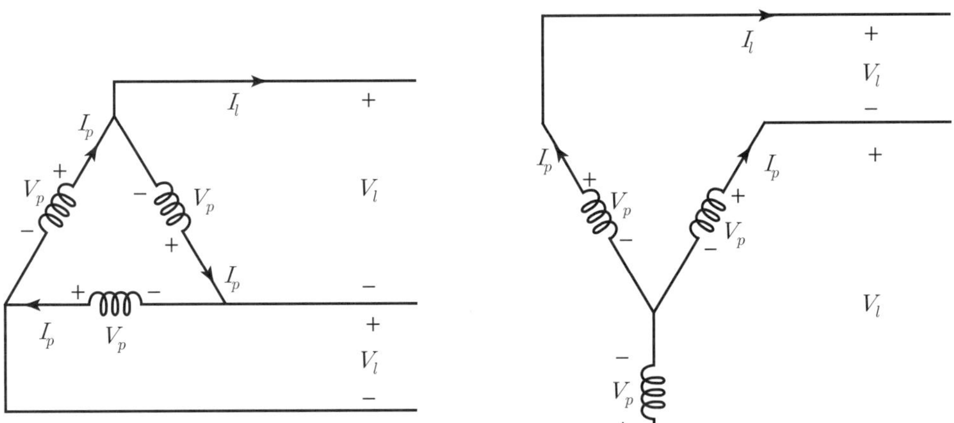

(a) Δ결선

(a) Y결선

그림 12.3 3상 교류회로

- 단상 : $P = VI\cos\theta$
- 3상 : $P = 3V_pI_p\cos\theta$ [W]
- Y결선 : $I_l = I_p,\ \ V_l = \sqrt{3}\,V_p$

$$P = 3 \cdot \frac{V_l}{\sqrt{3}} \cdot I_l\cos\theta = \sqrt{3}\,V_l\,I_l\cos\theta\ [\mathrm{W}]$$

- $\varDelta$결선 : $V_p = V_l[\mathrm{V}],\ \ I_l = \sqrt{3}\,I_p\,[\mathrm{A}]$

$$P = 3 \cdot V_{lCDOT}\frac{I_i}{\sqrt{3}} \cdot \cos\theta = \sqrt{3}\,V_l\,I_l\cos\theta\ [\mathrm{W}]$$

- 3상 유효전력 $P = \sqrt{3}\,V_lI_l\cos\theta$ [W]
- 3상 무효전력 $P_{r\,=}\sqrt{3}\,V_lI_l\sin\theta$ [VAR]
- 3상 피상전력 $P_{a\,=}\sqrt{3}\,V_lI_{l\,=}\sqrt{P^2+P_r^2}$ [VA]
- 역률 $= \cos\theta = \dfrac{P}{P_a} = \dfrac{R}{Z}$

3 실험준비물

1) 전원공급기
2) 함수발생기
3) 저항
4) 인덕터
5) 커패시터
6) 멀티미터
7) 오실로스코프
6) 전선 및 기판

4 실험방법

1) 단상 R-L 교류전력

❶ 다음과 같이 R-L회로를 구성한다.

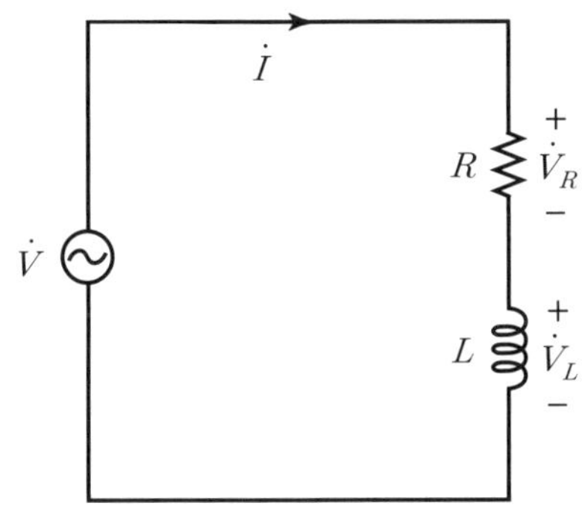

그림 12.4 R-L 교류회로 전력측정

❷ 회로의 전압과 전류를 측정한다.

❸ 회로의 역률과 전력을 계산한다.

2) 단상 R-C 교류전력

❶ 다음과 같이 R-C회로를 구성한다.

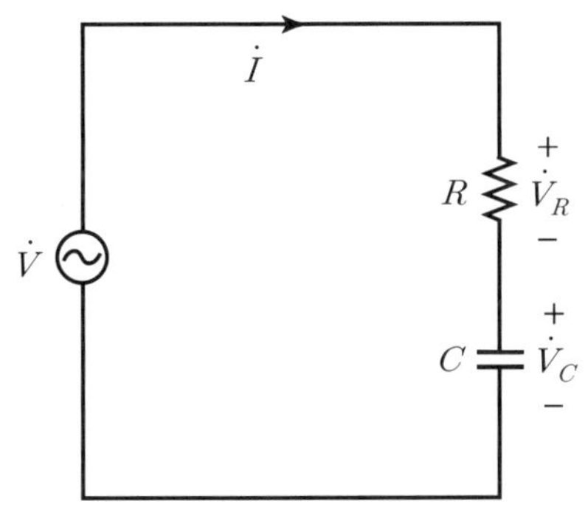

그림 12.5 R-C 교류회로 전력측정

❷ 회로의 전압과 전류를 측정한다.

❸ 회로의 역률과 전력을 계산한다.

5 실험결과

[실험자]

________과 ____학년 ____반 성명: __________

[실험일자]

________년 _____월 _____일

[실험조]

_____조

[실험결과]

1) 단상 R-L 교류회로 전력측정

① 측정값

V	R	L	I	역률	P[W]

② 유효전력, 무효전력, 피상전력을 계산하고 위상도를 그려라.

[고찰 및 확인]

① 위상도로부터 위상과 역률관계는?

2) 단상 R-C 교류전력

① 측정값

V	R	C	I	역률	P[W]

② 유효전력, 무효전력, 피상전력을 계산하고 위상도를 그려라.

[고찰 및 확인]

① 위상도로부터 위상과 역률관계는?

[실험중 특이사항 또는 질의사항]

실전대비

1 그림과 같이 단상교류 R-L직렬회로에서 $R=10[\Omega]$, $X_L=4[\Omega]$이고, 공급전압 $V=10[V]$를 가하면 이 회로의 소비전력은 몇 [W]인가?

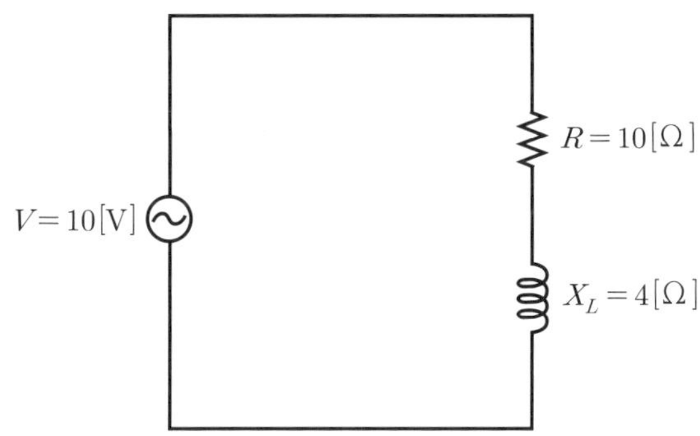

① 3
② 5
③ 10
④ 12
⑤ 20

2 교류회로에서 $P_a=10\text{kVA}$, 역률이 0.8일 때 유효전력 [kW]과 무효전력[kVAR]은?

① 6, 8
② 6, 10
③ 8, 6
④ 8, 10
⑤ 10, 8

3 100V용 1kW전열기를 80V로 사용시 유효전력[W]은?

① 100
② 500
③ 640
④ 800
⑤ 1,000

4 2[Ω]용 저항에 10[V]의 전압을 가했을 때 소비전력[W]은?

① 10
② 20
③ 50
④ 100
⑤ 200

5 **다음 중 전력관련식이 올바른 것은?**

① $P = VI$ ② $P_r = V^2 I$

③ $P = VI\cos\theta$ ④ $P = VI\sin\theta$

⑤ $P_a = VI\tan\theta$

V

전자회로

실험 13 다이오드의 특성

학습목표

1. 반도체의 특성
2. 다이오드의 구조, 동작원리, 특성

1 실험목적

① 반도체의 특성과 PN접합의 물리적 성질을 이해한다.

② 다이오드의 특성과 동작원리를 이해한다.

③ 다이오드를 이용하는 전자회로에 대하여 실험한다.

1 배경이론

1) 반도체

원자는 원자핵과 전자로 구성되어 있으며, 원자핵은 양자와 중성자로 이루어진다.(그림13.1) 전기의 발생원리에서 설명한 바와 같이 전류의 흐름은 원자의 구조와 밀접한 관계가 있으며, 최외각에 있는 전자의 수에 의하여 도체, 부도체의 특성을 갖는다. 원자모델 최외각에 있는 전자의 빈자리를 가전자라고 하며, 가전자의 수가 4개인 원자구조로 이루어진 물체를 반도체라고 한다.

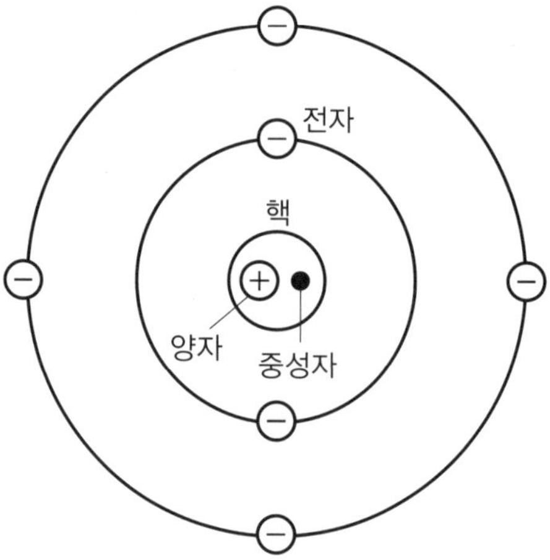

그림 13.1 반도체 원자구조

반도체의 대표적인 물질로 실리콘과 게르마늄이 있으며, 그 원자구조는 다음 그림과 같이 전자의 빈자리를 서로 채워주는 공유결합의 형태로 안정적인 결정체를 이루고 있다.

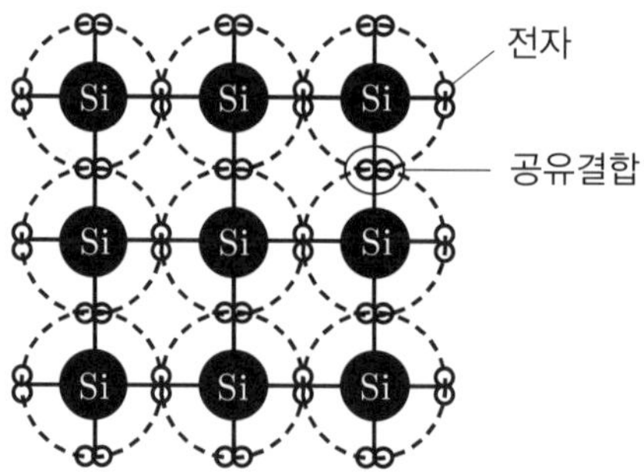

그림 13.2 반도체(Si) 결합구조

2) 반도체의 특성

실리콘, 게르마늄과 같은 순수 반도체는 다음과 같은 특성을 가지고 있다.

① 도체보다는 저항값이 크지만 부도체보다는 작은 값을 갖는다.

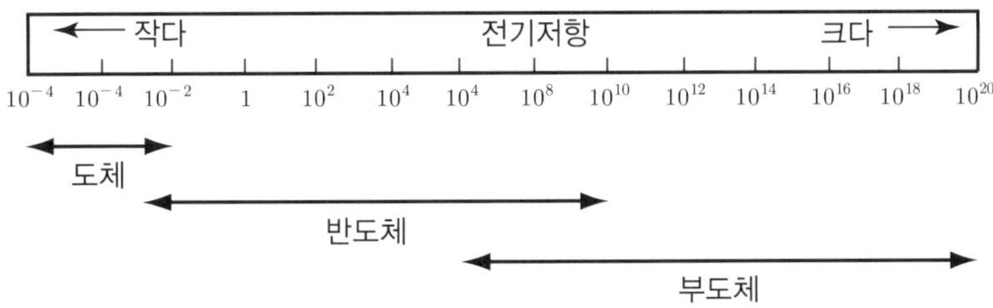

그림 13.3 반도체의 저항

② 온도가 올라갈수록 저항값이 작아진다. 즉, 음의 온도계수를 갖는다.

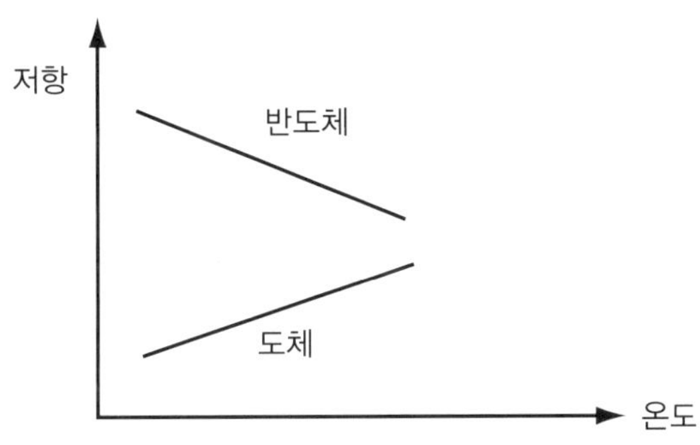

그림 13.4 반도체의 온도계수

③ 불순물의 농도로서 저항값을 변화시킬 수 있다.

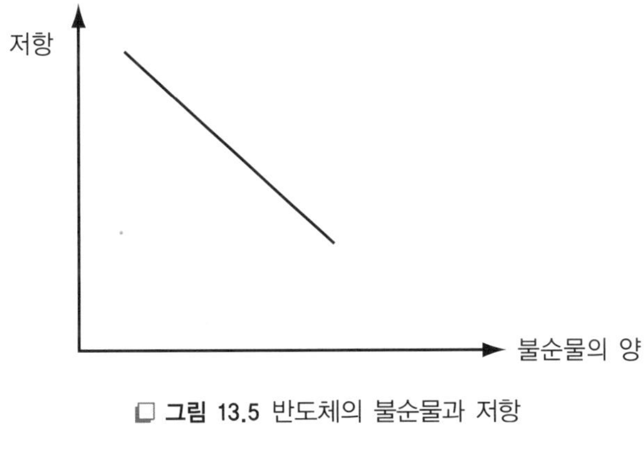

그림 13.5 반도체의 불순물과 저항

④ 외부로부터 광학적 반응으로 저항값을 바꿀 수 있다.

⑤ 원자가가 ±4가인 원자구조를 가지고 있다.

> 쉬운설명
>
> **반도체**
>
> 반도체는 도체의 중간정도의 성질을 갖는 반도체(半導體)로 생각할 수 있으나, 실은 도체와 부도체의 양면성을 갖는 것이 반도체이다.

3) 불순물 반도체

순수 반도체에 불순물을 첨가하여 P형과 N형의 불순물 반도체를 만들 수 있다. 각 부하(저항)에서 전압강하의 합과 같다.

(1) N형 반도체

- 불순물 : 5가(As, Sb, P등)
- 불순물 이름 : 도너(donor)
- 다수 캐리어 : 자유전자
- 소수 캐리어 : 정공

(2) P형 반도체

- 불순물 : 3가(In, B, Al등)
- 불순물 이름 : 억셉터(acceptor)
- 다수 캐리어 : 정공
- 소수 캐리어 : 자유전자

> 쉬운설명
>
> **자유전자와 정공**
>
> 전기는 곧 전자의 이동에서 발생된다. 따라서, 도체의 성질은 이동이 가능한 자유전자와 이동한 전자의 빈자리 정공에 의하여 발생한다.

4) PN접합

(1) 정(순)방향 바이어스

PN접합에 건전지를 그림과 같이 연결시 건전지의 -극에서 전자가 N형의 반도체를 통하여 P형 반도체의 다수캐리어인 정공으로 이동한다. 따라서, P형 반도체에서 N형 반도체로 전류가 흐른다. 이것을 정방향 또는 순방향 바이어스라고 한다.

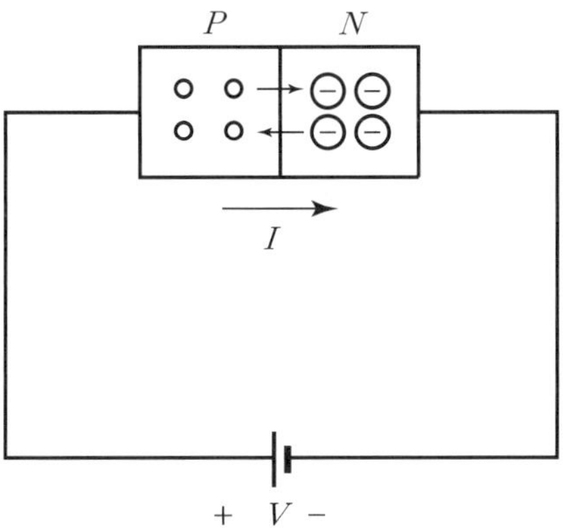

□ **그림 13.6** PN접합의 정방향 바이어스

(2) 역방향 바이어스

PN접합에 건전지를 그림과 같이 연결시 건전지의 -극에서 전자가 P형의 반도체를 통과하지 못한다. 따라서, PN접합에서 전자의 흐름이 끊어져 전류는 흐르지 못한다. 이것을 역방향 바이어스라고 한다.

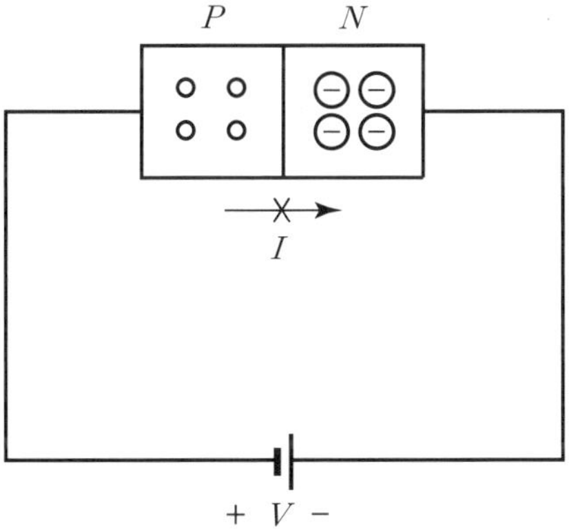

□ **그림 13.7** PN접합의 역방향 바이어스

5) 다이오드

(1) 구조

• PN접합

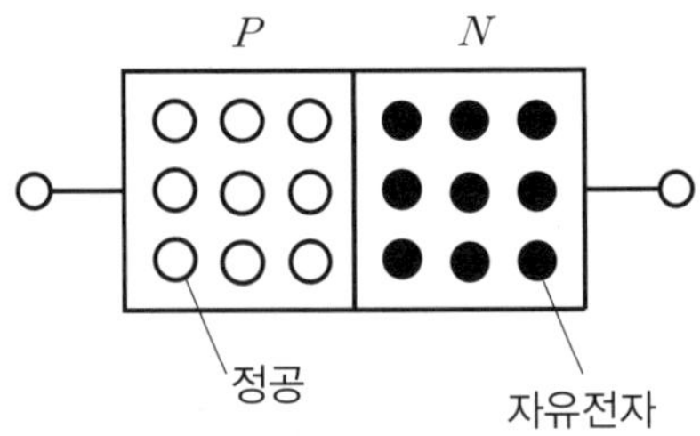

□ **그림 13.8** 다이오드의 구조

□ **그림 13.9** 다이오드의 기호

(2) 동작원리

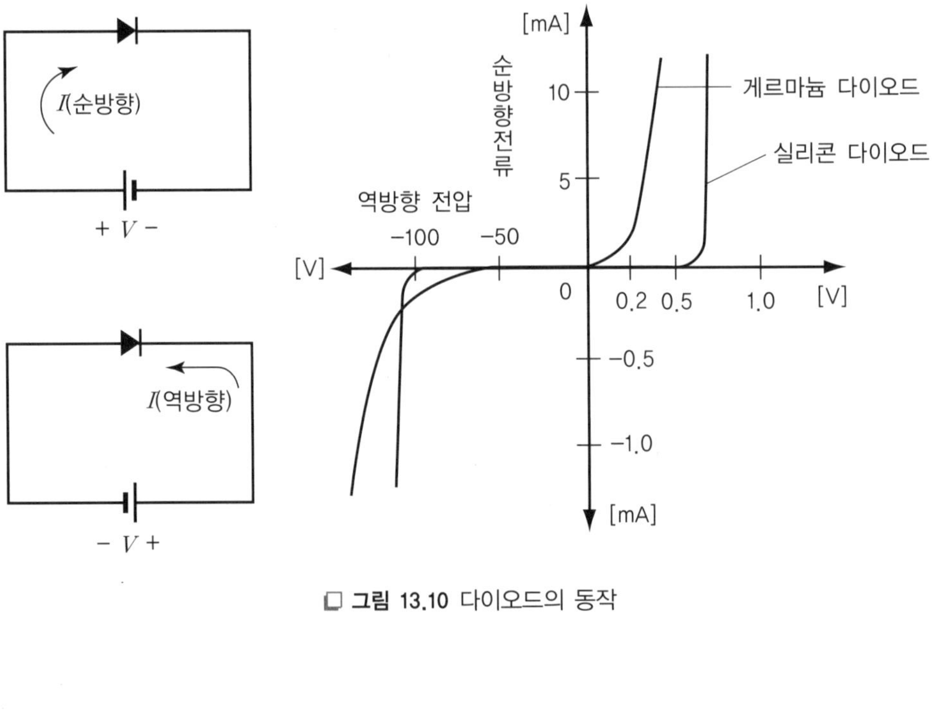

□ **그림 13.10** 다이오드의 동작

(3) 특성

① 정류특성

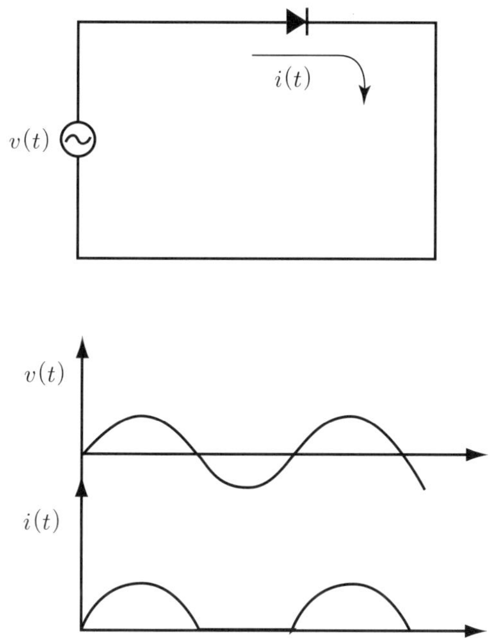

그림 13.11 다이오드의 정류특성

② 스위치 특성

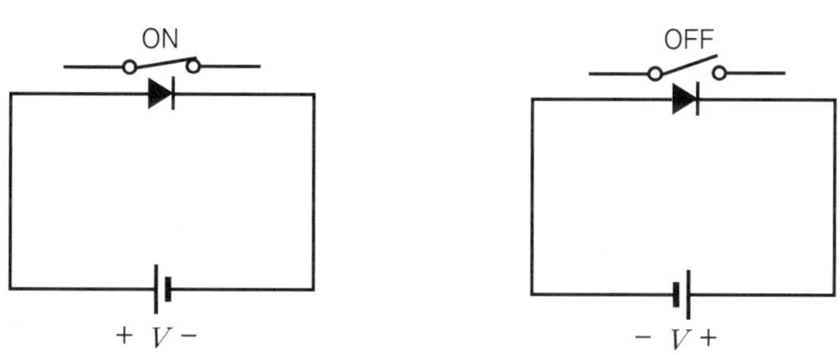

그림 13.12 다이오드의 스위치 특성

3 실험준비물

1) 전원공급기
2) 다이오드
3) 저항 및 커패시터
4) 멀티미터
5) 오실로스코프
6) 전선 및 기판

4 실험방법

1) 다이오드의 정방향 바이어스

❶ 그림과 같이 회로를 구성하고 정방향 전류를 측정한다.

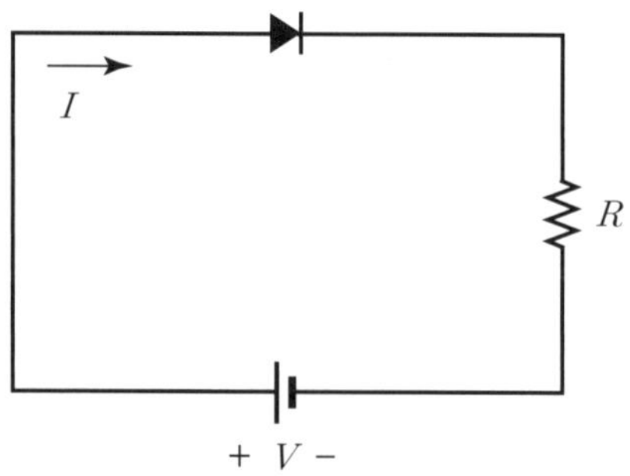

그림 13.13 다이오드의 정방향 실험

2) 다이오드의 역방향 바이어스

❷ 그림과 같이 회로를 구성하고 역방향 전류를 측정한다.

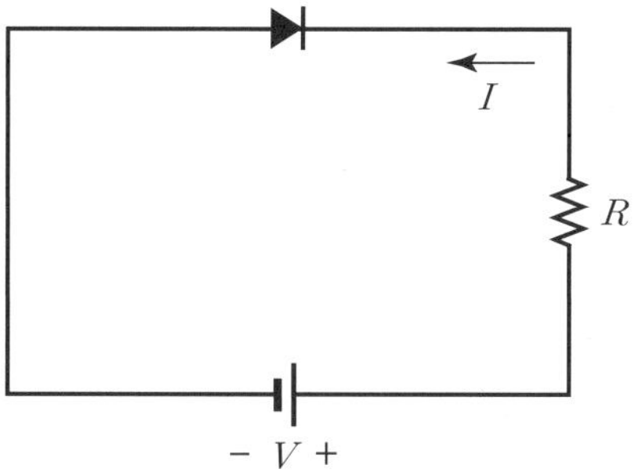

그림 13.14 다이오드의 역방향 실험

3) 반파 정류회로

❸ 그림과 같이 회로를 구성하고 오실로스코프를 이용하여 입력전압과 전류의 파형을 측정한다.

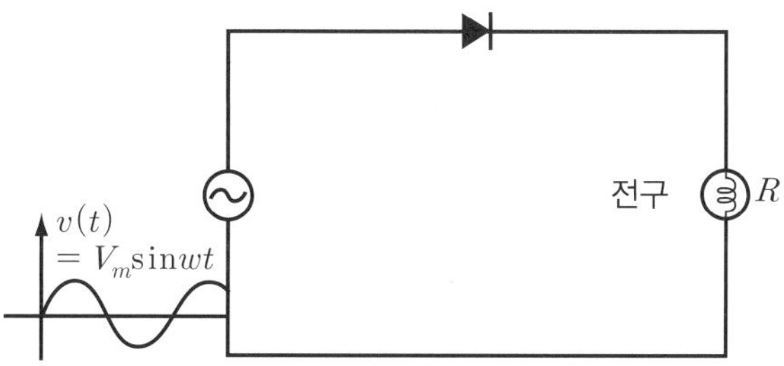

그림 13.15 반파정류 회로

5 실험결과

[실험자]

________과 ____학년 ____반 성명: ___________

[실험일자]

________년 _____월 _____일

[실험조]

_____조

[실험결과]

1) 정(순)방향 바이어스

공급전압 (V_s)	저항	다이오드	전류

[고찰 및 확인]

① 다이오드에 정방향으로 전압을 연결하였을 때 전류크기와 방향은?

2) 역방향 바이어스

공급전압 (V_s)	저항	다이오드	전류

[고찰 및 확인]

① 다이오드에 역방향으로 전압을 연결하였을 때 전류는?

3) 반파정류

① 입력전압(V_i)의 파형(오실로스코프로 측정한 파형을 그리시오)

② 출력전압(V_o)의 파형(오실로스코프로 측정한 파형을 그리시오)

[고찰 및 확인]

① 입력에 대한 출력전압의 실효값에는 어떤 차이가 있을까?

② 정류기를 응용한 제품은 어떤 것이 있을까요?

[실험중 특이사항 또는 질의사항]

실전대비

1 다음중 반도체의 특성에 대한 설명으로 옳은 것은?

① 온도가 상승하면 저항값이 증가한다.

② 불순물을 혼합하거나 열을 가해도 저항은 일정하다.

③ 온도계수가 음(-)의 값을 갖는다.

④ 원자가가 8로서 안정적이다.

⑤ 저항값이 도체보다 작은 경우도 있다.

2 반도체에 대한 설명중 올바른 것은?

① 온도가 상승하면 도전율이 감소한다.

② 진성 반도체에서는 자유전자가 정공보다 많다.

③ N형 반도체의 다수 캐리어는 정공이다.

④ P형 반도체의 다수 캐리어는 전자이다.

⑤ PN접합은 증폭작용을 한다.

3 P형 반도체에 대한 설명으로 올바른 것은?

① 진성 반도체에 5가의 불순물을 혼합한다.

② 불순물로 In, B, Al 등 알루미늄족 원소를 혼합시킨다.

③ 불순물을 donor라고 한다.

④ 다수 캐리어는 자유전자이다.

⑤ P형 반도체를 진성 반도체라 한다.

4 **N형 반도체에 대한 설명이다. 올바른 것은?**

① Si에 5가의 불순물인 As 등을 대량 혼합시킨 것이다.

② 불순물로 As, Sb, P 등의 질소족 원소를 넣는다.

③ 불순물을 acceptor라고 한다.

④ 소수 캐리어는 자유전자이다.

⑤ 다수 캐리어는 정공이다.

5 **PN 접합 반도체의 주 특성은 무엇인가?**

① 증폭작용 ② 정류작용

③ 발진작용 ④ 변조작용

⑤ 발열작용

실험 **14**

트랜지스터의 특성

학습목표

트랜지스터의 구조, 동작원리, 특성

1 실험목적

① 트랜지스터의 구조에 대하여 이해한다.

② 트랜지스터의 특성과 동작원리를 이해한다.

③ 트랜지스터를 이용하는 전자회로에 대하여 실험한다.

2 배경이론

1) 트랜지스터의 구조

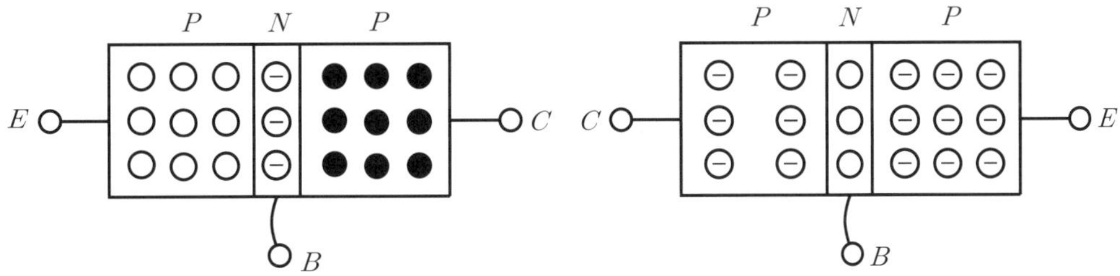

(a) PNP형 (b) NPN형

그림 14.1 트랜지스터의 구성

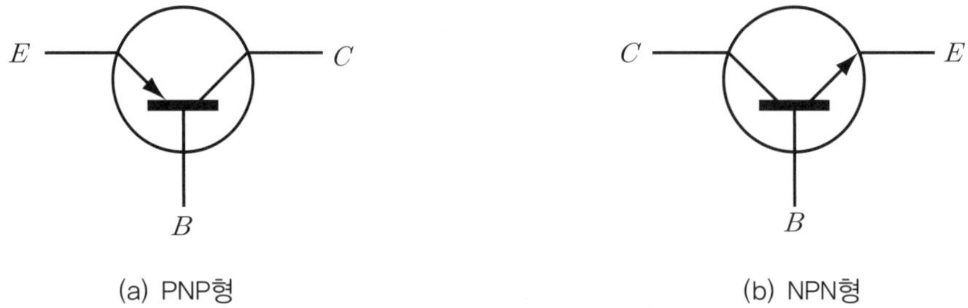

□ **그림 14.2** 트랜지스터의 기호

- 다이오드와 차이
  - 다이오드 : 2단구조(PN접합)
  - 트랜지스터 : 3단구조(PNP형, NPN형)
- 단자이름
  - E : emitter(이미터)
  - B : base(베이스)
  - C : collector(컬렉터)
- 구조적 특징
  ① 베이스 영역
  ② 다수캐리어 농도
  ③ 제너전압

2) 트랜지스터의 동작원리

(1) PNP형 트랜지스터

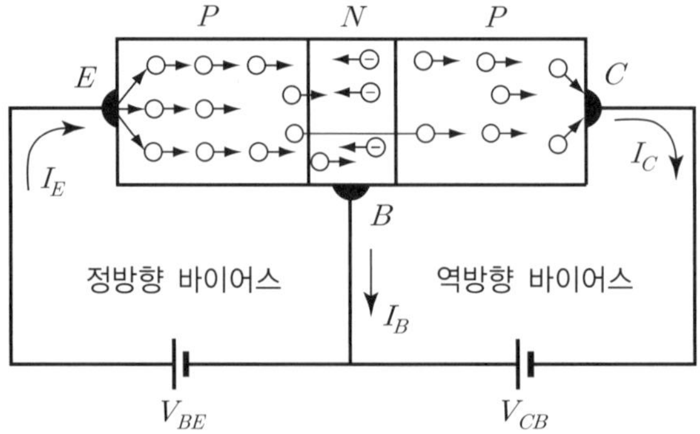

□ **그림 14.3** PNP형 트랜지스터

• 바이어스 전압(PNP형, NPN형 동일)
  - 순방향 직류전압 : Emitter와 Base 단자간 전압
  - 역방향 직류전압 : Collector와 Base 단자간 전압

(2) NPN형 트랜지스터

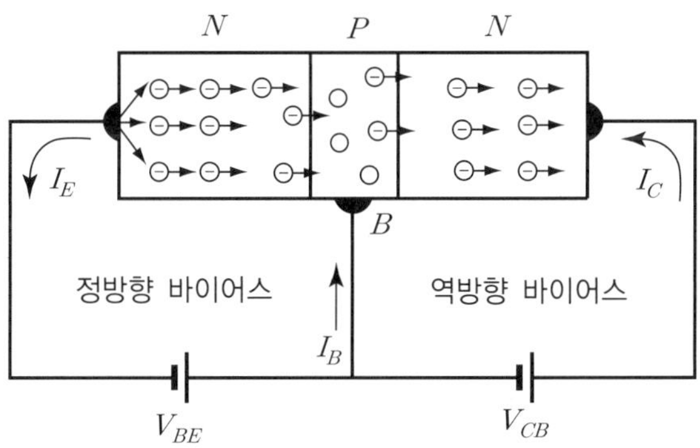

□ **그림 14.4** NPN형 트랜지스터

쉬운설명

트랜지스터

트랜지스터는 증폭기 특성을 가진 반도체 소자로서 진공관에 비하여 사용의 편의성을 높이고, 컴팩트한 사이즈에 수명과 성능이 높다는 장점을 가지고 있다.

3) 트랜지스터의 특성

① 전류증폭

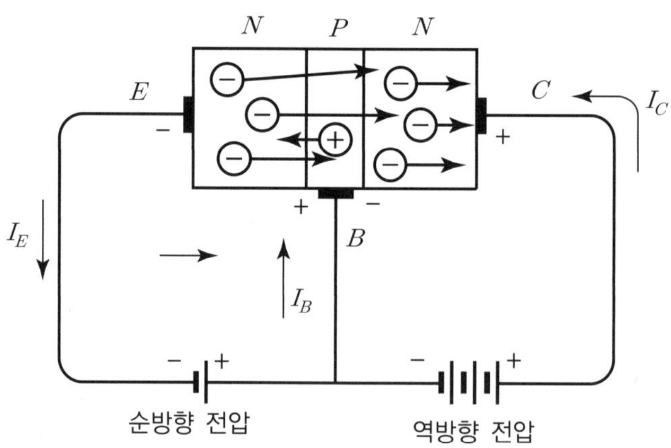

□ **그림 14.5** 트랜지스터의 증폭작용

$$전류증폭률 = \frac{I_C}{I_B} \tag{14.1}$$

$$I_E = I_C + I_B \tag{14.2}$$

② 스위치 특성

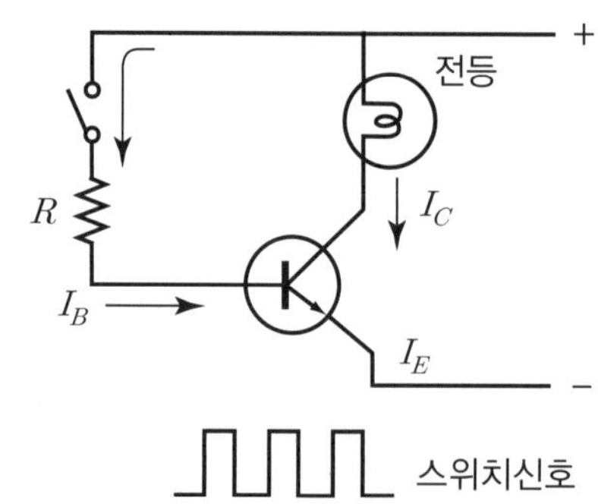

□ **그림 14.6** 트랜지스터의 스위치 작용

3 실험준비물

1) 전원공급기
2) 트랜지스터(BJT)
3) 저항 및 커패시터
4) 멀티미터
5) 오실로스코프
6) 전선 및 기판
7) 함수발생기

4 실험방법

1) BJT(Bipolar Junction Transistor)의 특성

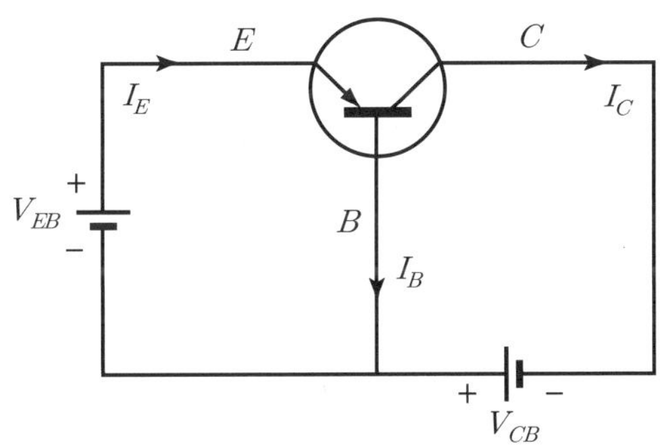

□ 그림 14.7 트랜지스터의 특성 실험

① 실험회로를 구성한다.
② V_{CB}를 일정전압으로 인가한다.
③ V_{EB}를 변화시키면서 I_B와 I_C를 측정한다.
④ V_{EB}를 일정전압으로 인가한다.
⑤ V_{CB}를 변화시키면서 I_B와 I_C를 측정한다.

5 실험결과

[실험자]

________과 ____학년 ____반 성명: ___________

[실험일자]

________년 _____월 _____일

[실험조]

_____조

[실험결과]

1) V_{CE} 고정

V_{CE}	V_{BE}	I_B	I_C	전류증폭률

[고찰 및 확인]

① BJT의 특성 실험결과로 부터 전류증폭률을 계산하고 증폭작용에 대하여 논하시오.

2) V_{BE} 고정

V_{BE}	V_{CE}	I_B	I_C	전류증폭률

[고찰 및 확인]

① BJT의 특성 실험결과로 부터 전류증폭률을 계산하고 증폭작용에 대하여 논하시오.

② 트랜지스터를 사용하는 제품은 어떤 것이 있을까요?

[실험중 특이사항 또는 질의사항]

실전대비

1 **다음중 트랜지스터에 대한 설명으로 옳은 것은?**

① 전압을 증폭한다.

② PNP형과 NPN형이 있다.

③ 온도에 대한 특성변화가 없다.

④ 접합면이 3개이다.

⑤ 베이스 영역이 가장 넓다.

2 **다음중 트랜지스터의 주요 특성은?**

① 정류작용 ② 발열작용

③ 증폭작용 ④ 정류작용

⑤ 검파작용

오늘의
학습내용

요·점·정·리

실험 15 반도체를 이용한 스위칭 회로

학습목표

1. 다이오드
2. 트랜지스터
3. 사이리스터

1 실험목적

① 반도의 특성중 스위칭 회로에 대하여 이해한다.

② 트랜지스터의 스위칭 특성과 동작원리를 이해한다.

③ SCR(사이리스트)의 스위칭 특성과 동작원리를 이해한다.

2 배경이론

1) 다이오드의 스위칭 특성

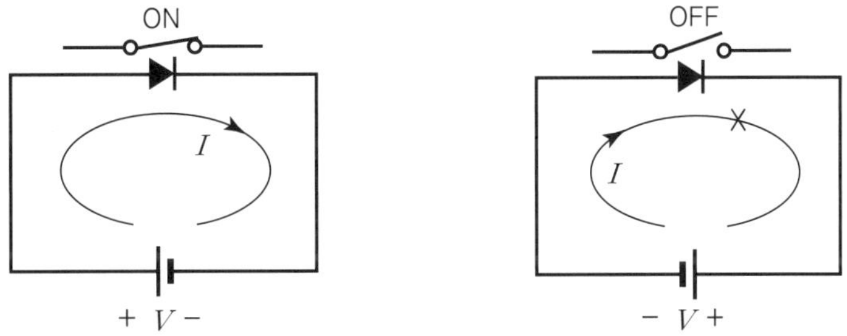

□ 그림 15.1 다이오드

2) 트랜지스터의 스위칭 특성

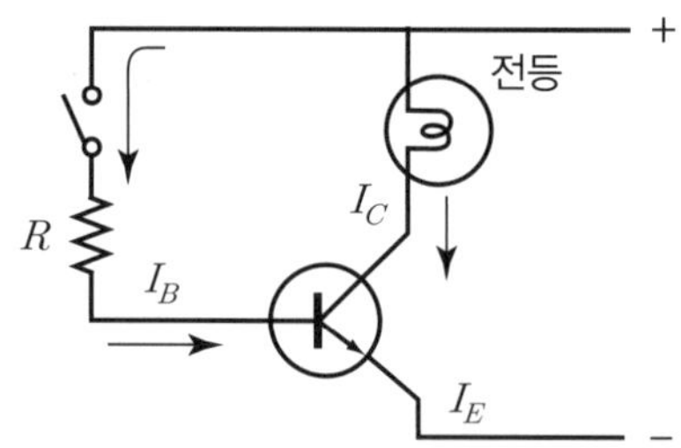

그림 15.2 트랜지스터

3) 사이리스터의 스위칭 특성

(1) 사이리스터의 구조

- PNPN형, NPNP형
- PN접합의 4층 구조(3접합면)

다음 그림과 같이 사이리스트는 PNPN구조이지만, PNP형 트랜지스터와 NPN형 트랜지스터를 연결한 것과 같은 형상이다. 실제 사이리스트는 이와 같은 두 개의 트랜지스터를 결합한 것과 동일하게 작동한다.

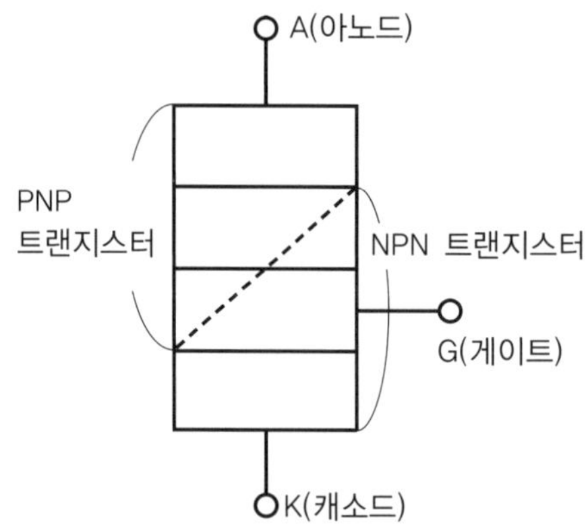

그림 15.3 사이리스트의 구조

사이리스트는 두 개의 트랜지스터를 결합한 구조이지만, 기호는 다음과 같이 다이오드에 게이트 단자가 추가된 형태이다. 사이리스트의 3개의 단자는 각각 A(아노드), K(캐소드), G(게이트)이다.

□ **그림 15.4** 사이리스트의 기호

(2) 사이리스터의 동작원리

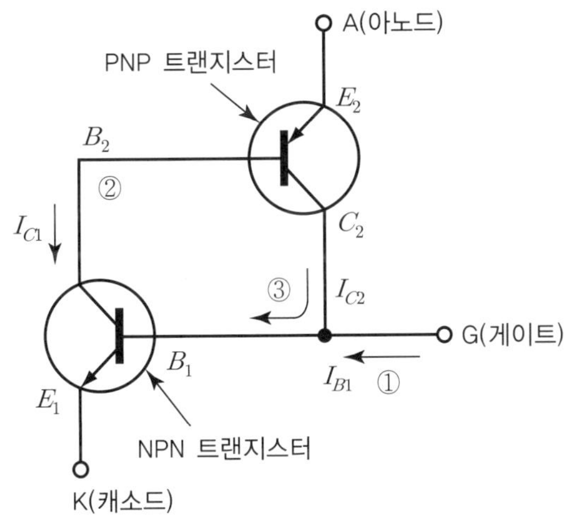

□ **그림 15.5** 사이리스트의 동작원리

동작원리 및 순서

① G(게이트)에 ON신호 발생 = NPN 트랜지스터의 베이스 전류 ON

② NPN 트랜지스터의 컬렉트 전류 흐름 = PNP 트랜지스터의 베이스 전류 ON

③ NPN 트랜지스터의 베이스 전류 ON ⇒ ①

(3) 사이리스터의 스위칭 작용

① 직류(A-K간)

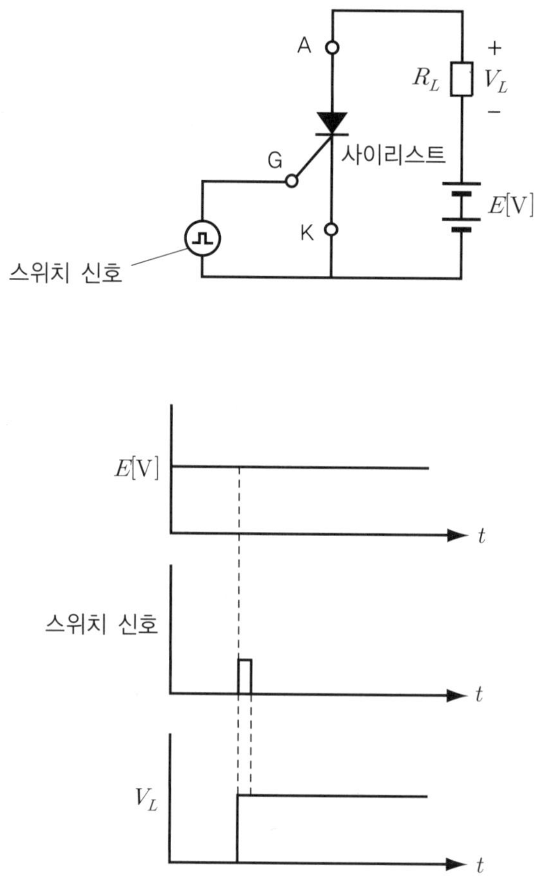

□ **그림 15.6** 사이리스터의 스위치 동작(직류)

② 교류(A–K간)

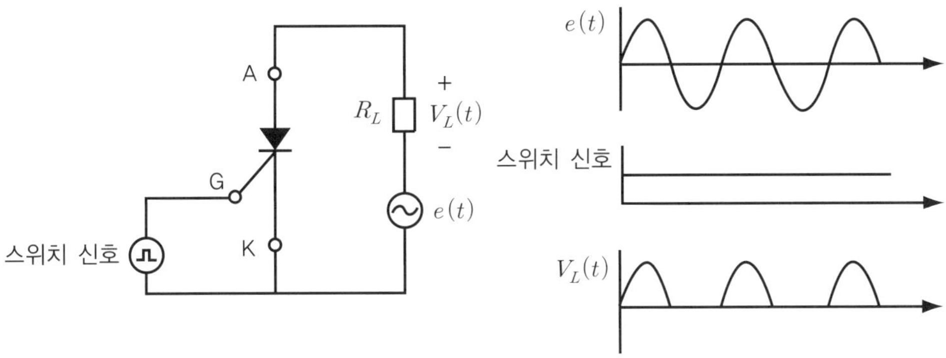

(a) 연속스위치 신호

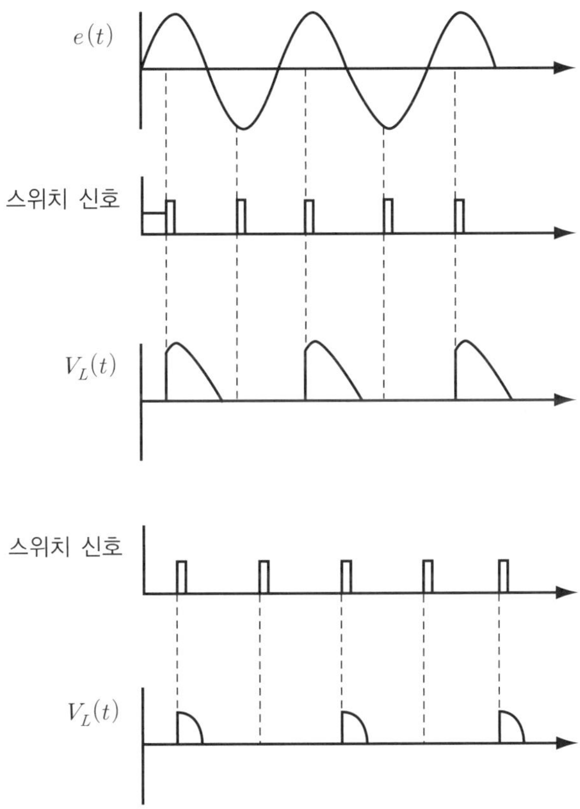

(b) 펄스스위치 신호

그림 15.7 사이리스터의 스위치 동작(교류)

3 실험준비물

1) 전원공급기
2) 트랜지스터(BJT)
3) 저항 및 커패시터
4) 멀티미터
5) 오실로스코프
6) 전선 및 기판
7) 함수발생기
8) LED
9) DC모터

4 실험방법

1) BJT의 스위칭 특성

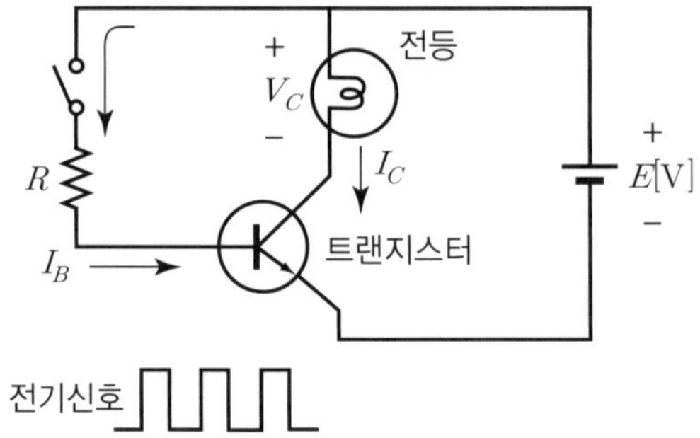

그림 15.8 BJT 스위칭 실험

❶ 그림과 같이 실험회로를 구성한다.

❷ 함수발생기를 이용하여 입력전압에 5V, 1kHz의 전압(구형파)을 인가한다.

❸ 오실로스코프를 이용하여 V_C를 측정한다.

❹ 입력전압(구형파)의 주파수를 변화시키면서 LED의 변화를 기록한다.

5 실험결과

[실험자]

________과 ____학년 ____반 성명: __________

[실험일자]

________년 _____월 _____일

[실험조]

_____조

[실험결과]

1) BJT의 스위칭 특성

① 입력전압의 파형을 그려라.

② V_C의 파형을 그려라.

③ 입력전압의 주파수를 변화시키고 파형을 그려라.

④ 변화된 입력전압에 대한 V_C의 파형을 그려라.

[고찰 및 확인]

① BJT의 스위칭 특성에 대하여 논하시오.

② 입력전압 주파수의 변화가 미치는 영향에 대하여 논하시오.

[실험중 특이사항 또는 질의사항]

실전대비

1 **다음중 사이리스터에 대한 설명으로 올바른 것은?**

① 전압을 증폭시킨다.

② 정류작용을 한다.

③ 접합면이 4개이다.

④ DC를 AC로 변환시킨다.

⑤ 스위칭 작용을 한다.

2 **다음중 Thyristor에 대한 설명으로 올바른 것은?**

① PNPN형과 NPNP형이 있다.

② 접합면은 4개이다.

③ 검파작용을 한다.

④ 전류증폭작용을 한다.

⑤ 교류에서는 스위치 역할을 하지 못한다.

오늘의
학습내용

요 · 점 · 정 · 리

부 록

I 단위계

1 접두어

기호	이름		의미	사용예
T	tera	테라	10^{12}	
G	giga	기가	10^{9}	GB(기가 바이트)
M	mega	메가	10^{6}	MΩ(메가 오옴)
k	kilo	킬로	10^{3}	km(킬로미터)
da	deca	데카	10	
d	deci	데시	10^{-1}	dB(데시벨)
c	centi	센티	10^{-2}	cm(센티미터)
m	milli	밀리	10^{-3}	mH(밀리헨리)
μ	micro	마이크로	10^{-6}	μF(마이크로 패럿)
n	nano	나노	10^{-9}	nm(나노미터)
p	pico	피코	10^{-12}	

2 단위계(SI Unit)

기호	명칭		대상	비 고
m	meter	미터	길이	
kg	kilogram	킬로그램	질량	
s	second	초	시간	일, 시, 분
A	ampere	암페어	전류	
K	kelvin	켈빈	열 온도	절대온도
mol	mole	몰	물질 량	
cd	candela	칸델라	광도	

3 전기관련 단위

대상	단위	명칭	비 고
전류밀도	A/m^2	암페어 퍼 제곱미터	
자기장의 세기	A/m	암페어 퍼 미터	
주파수	Hz	헤르츠	s^{-1}
일	J	줄	N • m
일률, 전력	W	와트	J/s
전하량(전기량)	C	쿨롱	A · s
전위차(기전력)	V	볼트	J/C
전기용량(커페시터)	F	패럿	C/V
전기저항	Ω	오옴	V/A
자속	Wb	웨버	V · s
인덕턴스	H	헨리	Wb/A
유전율	F/m	패럿 퍼 미터	
투자율	H/m	헨리 퍼 미터	

Ⅱ 멀티미터 사용법

1 멀티미터(Multimeter)의 기능

멀티미터(Multimeter)는 다음과 같이 다양한 기능을 가지고 있기 때문에 붙여진 이름이며, 간략히 테스터(tester) 또는 VOM(Volt-Ohm-Milliampere)이라고도 한다.

□ **그림 부록** Ⅱ.1 디지털 멀티미터

멀티미터는 전환스위치를 돌려 원하는 기능을 선택하면 측정이 가능하기 때문에 사용이 간편하다는 장점을 가지고 있다. 측정값을 표시하는 방법에 따라 아날로그(analogue)형과 디지털(digital)형이 있고 최근에는 대부분 디지털형을 사용하고 있다.

- 직류전압

직류전압은 건전지와 같이 +단자와 −단자를 구분하여 측정하여야 하며, 프로브를 바꾸어 측정시 결과값이 −로 표시된다. 또한, 측정하고자 하는 부하의 양단에 병렬로 접속하여 측정하여야 한다.

- 직류전류

건전지 또는 직류전원공급기를 사용하는 직류회로에서 전선에 흐르는 전류를 측정하기 위해서는 측정하고자 하는 전선에 멀티미터 프로브를 직렬로 연결하여야 한다. 이때, 프로브의 방향이 바뀌면 결과값이 −로 전시된다. 전류를 측정시 내부 회로에 단락을 시켜 장비에 손상을 주는 경우가 가장 많기 때문에 특별히 주의를 하여야 한다.

- 교류전압

가정, 학교, 병원, 산업현장등에서 사용하는 교류전원의 전압을 측정한다. 우리나라에서는 110V와 220V를 사용하고 있지만, 최근에는 대부분 220V로 승압되었다. 교류전압은 프로브의 +와 −의 구분이 없고, 교류의 실효값을 측정한다.

- 저항

저항은 색깔로서 값을 표시하고 있지만, 멀티미터를 사용하면 쉽게 저항값을 측정할 수 있다. 측정하고자 하는 저항의 값에 따라 측정범위를 자동으로 조절하여 결과값을 전시하는 멀티미터도 있지만, 측정범위를 벗어난 경우 전환스위치를 돌려 적정한 측정범위를 선택하여야 한다.

- 도통검사

도통검사란 전선에 단선여부를 측정하는 것으로서, 회로를 구성하고 잘못 연결된 부위가 있는지 알 수 있다. 주로, 벽속과 같이 보이지 않는 곳의 단선을 찾을 때 유용하다. 장비에 따라 도통검사 결과를 비프음으로 알려주어 사용이 매우 편리하다.

2 기능별 사용법

멀티미터(Multimeter)는 제조사의 모델에 따라 조금씩 사용법이 다르지만, 일반적인 사용법은 비슷하여 사용에 어려움이 없다. 하지만, 사용전에 구입한 장비에 첨부되어 있는 사용설명서를 반드시 숙지하여 안전사고나 장비의 고장을 예방하여야 한다.

그림 부록 Ⅱ.2 멀티미터의 명칭

• 직류전압 측정

① 붉은색 프로브를 "V Ω mA"단자에 꽂고 검은색 프로브는 "COM"단자에 꽂는다.

② 전환스위치를 "DCV"에 위치시킨다. 측정범위를 선택하는 장비인 경우 적절한 범위를 선택한다. 만약 적절한 측정범위를 알 수 없다면, 가장 높은 범위를 선택하고 전압을 측정하면서 적절한 값이 전시될 때까지 범위를 낮은 단계로 조절한다.

③ 측정하고자 하는 장치의 단자에 프로브를 연결한다.

④ 측정하고자 하는 장치에 전원을 인가하고 전압을 측정한다. 전시되는 값이 －로 표시되는 경우 검은색 프로브가 연결된 단자가 붉은색 프로브가 연결된 단자보다 전압이 높은 경우이다. 프로브를 서로 바꾸어 측정하면 +값이 전시된다.

• 직류전류 측정

① 붉은색 프로브를 “V Ω mA”단자에 꽂고 검은색 프로브는 “COM”단자에 꽂는다. 측정대상 전류가 200mA~10A인 경우에는 붉은색 프로브를 “10A”단자에 꽂는다.

② 전환스위치를 “DCA”에 위치시킨다. 측정범위를 선택하는 장비인 경우 적절한 범위를 선택한다. 만약 적절한 측정범위를 알 수 없다면, 가장 높은 범위를 선택하고 전류을 측정하면서 적절한 값이 전시될 때까지 범위를 낮은 단계로 조절한다.

③ 측정하고자 하는 선로의 회로를 개방시키고 멀티미터의 두 프로브를 직렬로 연결한다.

④ 측정하고자 하는 장치에 전원을 인가하고 전류을 측정한다.

• 교류전압 측정

① 붉은색 프로브를 “V Ω mA”단자에 꽂고 검은색 프로브는 “COM”단자에 꽂는다.

② 전환스위치를 “ACV”에 위치시킨다. 측정범위를 선택하는 장비인 경우 적절한 범위를 선택한다. 만약 적절한 측정범위를 알 수 없다면, 가장 높은 범위를 선택하고 전압을 측정하면서 적절한 값이 전시될 때까지 범위를 낮은 단계로 조절한다.

③ 측정하고자 하는 장치의 단자에 프로브를 연결한다.

④ 측정하고자 하는 장치에 전원을 인가하고 전압을 측정한다.

• 저항 측정

① 붉은색 프로브를 “V Ω mA”단자에 꽂고 검은색 프로브는 “COM”단자에 꽂는다.

② 전환스위치를 “Ω”에 위치시킨다. 측정범위를 선택하는 장비인 경우 적절한 범위를 선택한다. 만약 적절한 측정범위를 알 수 없다면, 가장 높은 범위를 선택하고 전압을 측정하면서 적절한 값이 전시될 때까지 범위를 낮은 단계로 조절한다.

③ 측정하고자 하는 저항이 회로에 연결되어 있다면 회로에서 분리한 후 멀티미터의 두 프로브를 저항 양단에 연결한다.

3 사용시 주의사항

- 직류전압이나 교류전압을 측정할 때 측정범위를 선택하는 장비의 경우 예상 측정값의 2배 이상 되도록 측정범위를 선택한다. 측정범위를 낮게 선택하는 경우 멀티미터에 손상을 주어 고장의 원인이 된다.
- 아날로그형의 멀티미터는 바늘의 움직임이 저항값에 따라 결정되기 때문에, 저항값이 작을수록 많이 움직이고 저항이 무한대 일 때 바늘의 움직임이 없다.
- 아날로그형의 멀티미터를 사용하여 직류전압을 측정할 때 +, −극성이 바뀌지 않도록 한다. 바늘이 역방향으로 움직이면서 휘거나 고장의 원인이 된다.
- 멀티미터는 대부분 장비를 보호하기 위하여 퓨즈를 내장하고 있다. 장비가 작동하지 않을 경우 고장진단 이전에 퓨즈를 점검하고 교환하도록 한다.
- 멀티미터를 사용한 후에는 전원을 OFF로 한다. 만약 자동으로 전원이 OFF되는 장비이면 전환스위치를 저항이 아닌 다른 곳에 위치시킨다.

III 오실로스코프 사용법

1 오실로스코프의 기능

오실로스코프(oscilloscope)는 전자파를 계측하는 대표적인 장치이며, 파형을 직접 눈으로 볼 수 있는 전시기를 가지고 있다. 시간에 대한 입력파의 크기변화를 화면에 출력해 주며, 전압이나 전류신호 외에 진동파등 시간적으로 빠른 변화를 가지는 신호도 계측이 가능하다. 따라서, 오실로스코프는 측정대상 신호가 시간에 대하여 변화하는 형상을 전시하기위하여 가로축(수평축)을 시간, 세로축(수직축)을 신호의 세기(크기)로 표현한다. 오실로스코프 내부에는 수직감쇠회로, 증폭회로, 스위프회로, 동기(트리거)회로등을 가지고 다양한 입력파형에 대하여 수직축과 수평축의 편향을 조정하고 높은 주파수에도 동기화를 시킬 수 있도록 설계되어 있다.

2 사용법

본 교재에서 사용하는 오실로스코프는 Tektronix사의 모델명 TDS 2014C 제품을 기준으로 사용법을 설명하기로 한다. (자료출처 : www.tektronix.com)

1) 구성과 기능

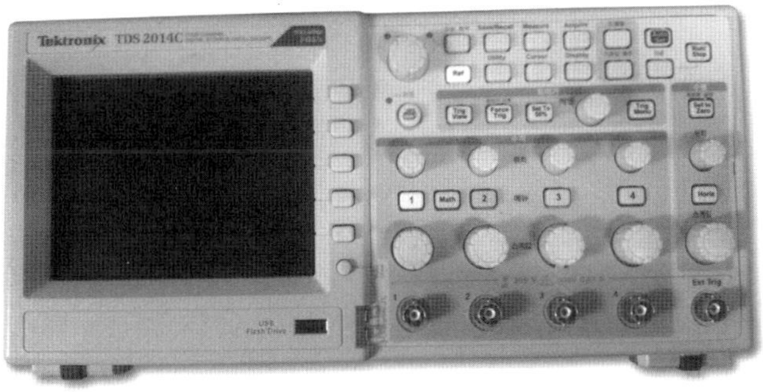

□ 그림 부록 Ⅲ.1 오실로스코프

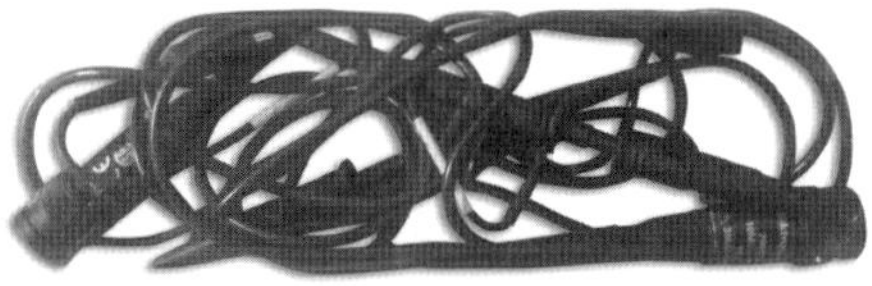

□ 그림 부록 Ⅲ.2 프로브

• 성능
- 채널(channel) : 4
- 대역폭(bandwidth) : 100MHz
- 샘플속도(sampling rate) : 2.0GS/s

• 주요 기능
- 컬러 LCD 전시기
- 자동설정 가능
- 자동범위 설정 가능

- 프로브 검사 마법사
- 설정 및 파형 스토리지
- 트리거 주파수 판독값
- 듀얼 타임 베이스
- 16개의 자동 측정값
- 펄스폭 트리거 기능
- 외부 트리거

2) 사용방법

- 전시기 영역

전시기는 사용자가 계측기를 조작하고 신호의 측정결과를 운용자에게 보여주는 기능을 가지고 있다.

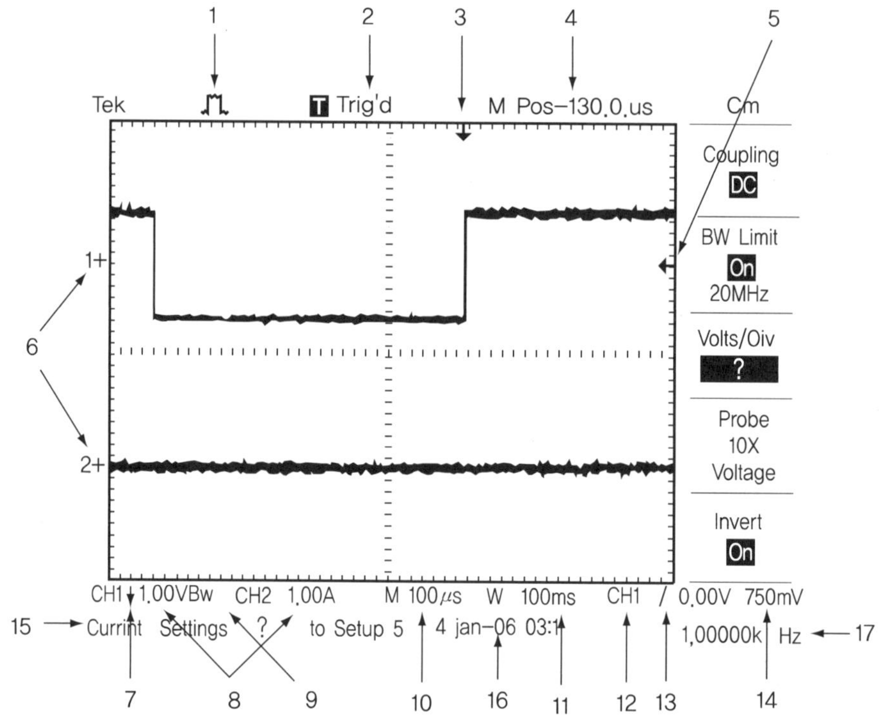

1. 획득모드 표시

	샘플 모드
	피크검출 모드
	평균 모드

2. 트리거 상태 표시

Armed.	오실로스코프가 사전 트리거 데이터를 획득 중입니다. 이 상태에서는 모든 트리거가 무시됩니다.
R Ready.	모든 사전 트리거 데이터가 획득되었고 오실로스코프는 트리거를 받을 준비가 되어 있습니다.
T Trig'd.	오실로스코프가 트리거를 포착하였으며 사전 트리거 데이터를 획득 중입니다.
Stop.	오실로스코프가 데이터에서 파형 획득을 중지했습니다.
Acq. Complet	오실로스코프가 단일 순서 획득을 완료했습니다.
R Auto.	오실로스코프는 자동 모드에 있으며 트리거가 없는 상태에서 파형을 획득 중입니다.
Scan.	오실로스코프가 스캔 모드에서 계속해서 파형을 획득하고 표시하는 중입니다.

3. 수평 트리거 위치
4. 가운데 계수선의 시간 표시
5. 에지 또는 펄스폭 트리거 레벨 표시
6. 파형의 접지 기준 포인트 표시
7. 파형의 반전 표시
8. 채널의 수직 눈금계수 표시
9. 채널 대역폭이 제한됨을 표시
10. 주 시간축 설정
11. 윈도우 시간축 설정
12. 트리거 소스 표시

13. 선택된 트리거 종류

	상승 에지를 위한 에지 트리거
	하강 에지를 위한 에지 트리거
	라인 동기를 위한 비디오 트리거
	필드 동기를 위한 비디오 트리거
	펄스 폭 트리거, 포지티브 극성
	펄스 폭 트리거, 네거티브 극성

14. 에지나 펄스폭 트리거 레벨 표시
15. 유용한 메시지 표시
16. 날짜와 시간 표시
17. 트리거 주파수 표시

• Vertical

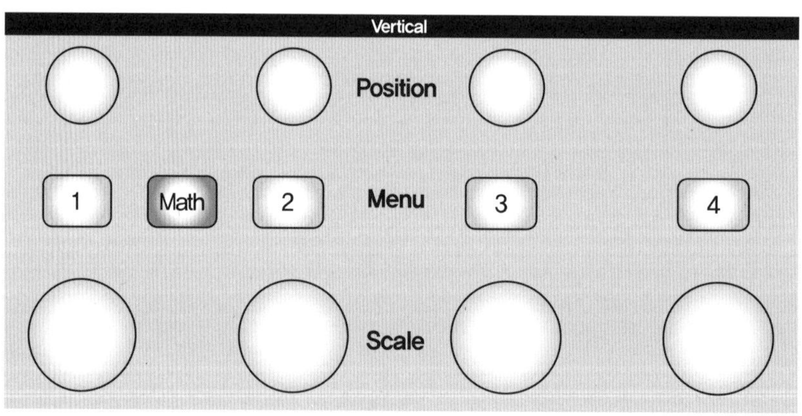

- Position 1, 2, 3, 4 : 파형을 수직으로 배치
- Menu 1, 2, 3, 4 : 수직메뉴 선택. 채널 파형 전시를 토글
- Scale 1, 2, 3, 4 : 수직눈금 계수를 선택

• Horizontal

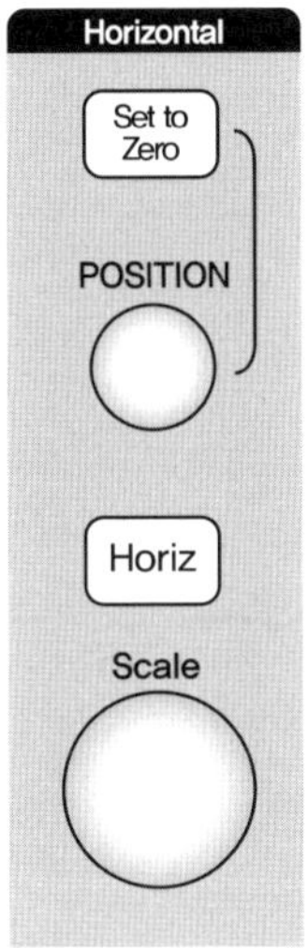

- Set to Zero : 수평위치를 제로로 설정
- Position : 채널의 수평위치를 조정(해상도는 시간축 설정에 따라 달라짐)
- Horiz : 수평메뉴를 표시
- Scale : 주 시간축에 대한 수평 시간/구간을 선택

• Trigger

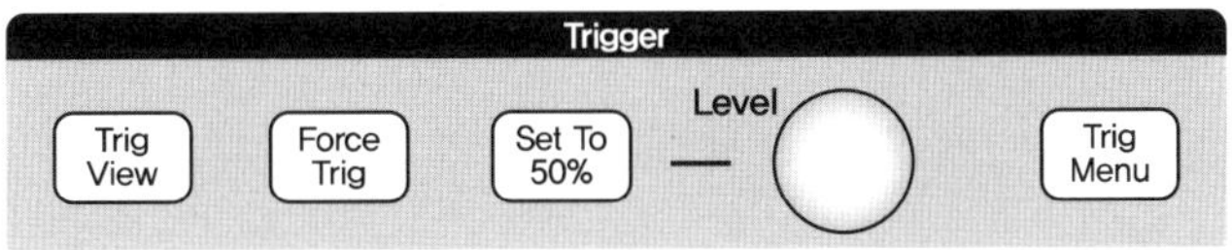

- Trig View : 태널 파형 대신에 트리거 파형을 표시
- Force Trig : 트리거 신호에 관계없이 강제로 획득을 완료
- Set To 50% : 트리거 레벨은 트리거 신호의 피크사이의 수직 중간으로 설정
- Level : 에지 또는 펄스 트리거를 사용할 때 진폭레벨을 설정
- Trig Menu : 트리거 메뉴 표시

• 메뉴 및 제어버튼

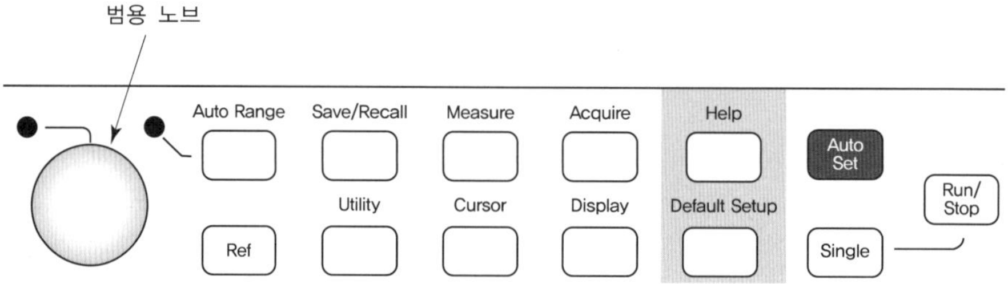

- 범용노브 : 표시 또는 선택된 메뉴 옵션에 따라 결정
- AutoRange : 범위설정을 자동으로 하며, 토글로 활성화
- Save/Recall : 설정 및 파형에 대한 저장/호출
- Measure : 자동측정메뉴 표시
- Acquire : 획득메뉴 표시
- Ref : 기준메뉴 표시
- Utility : 유틸리티 메뉴 표시
- Cursor : 커서메뉴 표시
- Display : 전시메뉴를 표시
- Help : 도움말 메뉴 표시
- Default Setup : 공장출하시 초기설정
- Auto Set : 입력신호에 따라 자동으로 신호를 계측한후 전시
- Single : 단발적인 파형을 획득
- Run/Stop : 파형을 연속적으로 획득/중지

• 입력단

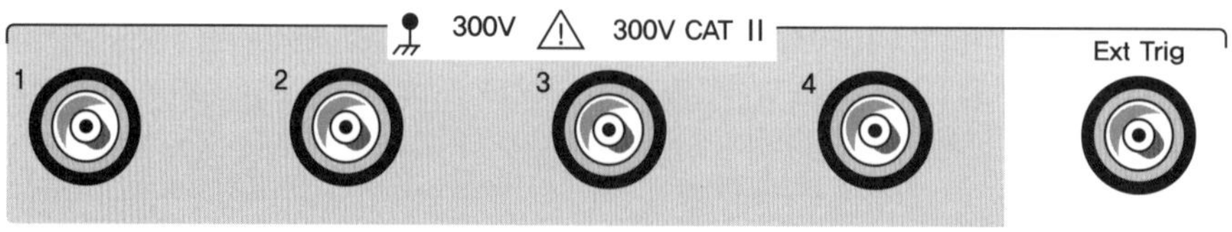

- 1, 2, 3, 4 : 측정대상 파형을 입력하는 단자
- Ext Trig : 외부 트리거신호 입력

• 기타 전면판

- USB Flash Drive : USB 메모리를 접속하는 단자

저자 약력

이석재

- 대구보건대학교 방사선과
- leesj@dhc.ac.kr

기초 전기회로실험

수 정 1 쇄 • 2016년 8월 25일

저　　자 • 이 석 재
발 행 자 • 최 봉 조
발 행 처 • 진샘미디어
주　　소 • 서울시 은평구 연서로 5길 28 부호아파트 102동 상가5호
전　　화 • 02)353-4421 / FAX 02)353-4431
홈 페 이 지 • www.jinsaem.co.kr

신 고 번 호 • 제311-2005-000025호
I S B N • 979-11-85504-42-1　　93560

정가 13,000원